Notion
プロジェクト管理
完全入門

JN026555

リブロワークス 著

Webクリエイター&
エンジニアの作業がはかどる
新しい案件管理手法

インプレス

サンプルテンプレートの配布

本書のCHAPTER5 section05で作成するポータルページをテンプレートとして複製していただくことができます。パソコンのWebブラウザで下記URLにアクセスし、「特典」ボタンをクリックし、簡単なクイズに答えて入手してください。

https://book.impress.co.jp/books/1122101092

※ダウンロードには、無料の読者登録サービス「CLUB Impress」への登録が必要となります。

はじめに

　本書を手に取ったみなさんの中には、Notionが何なのか知らない方もいるかもしれません。Notion公式の言葉を借りれば、Notionは「ドキュメントの作成・共有、プロジェクトの管理、ナレッジの整理、すべてが一箇所で実現できるコネクテッドワークスペース」です。「何でもできる仕事場」ということですね。その反面、すでに使ったことがあるユーザーからは、いろいろな機能があるが、結局メモを取ることにしか使っていないという声も聞かれます。

　確かにNotionは、文書を綺麗に作成できる機能が豊富です。しかし、その大きな特徴は、専門的な知識がなくても扱えるデータベース機能です。このおかげで、プログラミングなしでアプリを開発できる「ノーコードツール」でもあるといえます。そして、その便利な使用方法のうちの1つが、プロジェクト管理なのです。

　Webクリエイターやエンジニアにとって、プロジェクトの進捗確認や、自分が抱えるタスクの見通しを効率よく立てることは、重要なテーマの1つでしょう。Web制作やソフトウェア開発の手法は多様化しており、その運用方法は開発現場によって千差万別です。プロジェクト管理用のツールやサービスはすでにいろいろなものがありますが、小規模な企業や事業者においては、高機能なサービスでは事業の規模感と合っていなかったり、それぞれの機能は使えても組み合わせるには少し使い勝手が悪かったりと、一長一短です。

　そこで便利なのがNotionです。データベース機能におけるカンバンやガントチャート、サブタスクと依存関係などの好きな表現を組み込み、また文書作成ツールという側面との組み合わせにより、自分の仕事に最適なプロジェクト管理システムを構築しカスタマイズできるのです。

　本書では、複数の案件を並行し、複数人で進行する小規模事業者のプロジェクト管理システムを想定しています。

　CHAPTER 1では、プロジェクト管理の一般的な解説と、Notionの基本について解説します。CHAPTER 2では、身の回りの情報をデータベースに落とし込む作業を通じてデータベース機能の使い方を学び、続くCHAPTER 3では、プロジェクト管理システムの一部として、実際の業務で使用する機能をデータベースで作ります。そして、ここまでの基礎を踏まえて、CHAPTER 4からいよいよメインのプロジェクト管理システムの構築です。システムの中核部分となるデータベースの作成と、機能のカスタマイズ方法、そのほかの便利な機能について紹介します。

　なお、本書のプロジェクト管理システムに入力するサンプルデータは、株式会社まぼろしの松田様と小林様にご協力をいただいております。筆者が作成したサンプルデータについて、実際のWeb制作の進行として妥当なものになっているかなどを、お忙しい中ご確認いただきました。この場を借りて、御礼申し上げます。

　本書を通じて、身近な情報をデータベース化する感覚を身に付け、自分に最適なプロジェクト管理システムを実現していただければ幸いです。

2023年2月　リブロワークス

CONTENTS

CHAPTER
2

プロジェクト管理に必要な
データベースの基本を知ろう

CHAPTER 4 Notionでプロジェクト管理システムを作ろう

CHAPTER
1

プロジェクト管理と
Notionの基本

section

01

Notionについて知る

#Notionとは ／ #Notionの特徴

Notionって何？

プロジェクト管理について触れる前に、まずはNotionとはいったい何なのか
について簡単にご紹介します。

強力な情報共有ツール Notion

　この本を手に取って読み始めているということは、Notionについての興味や関心
が多少なりともあることでしょう。Notionはドキュメントの作成・共有、プロジェ
クトの管理、ナレッジの整理、すべてが一箇所で実現できるコネクテッドワークス
ペースです。Wikiのようにページ同士を関連づけて階層構造を持たせたり、データ
ベースに登録された文書のまとまりとして一括管理したりできます。またデータベー
ス機能を活用して、タスクを整理しチーム内の状況を正確に把握するプロジェクト管
理ツールにもなります。本書では、このプロジェクト管理ツールをNotionで作って
いきます。

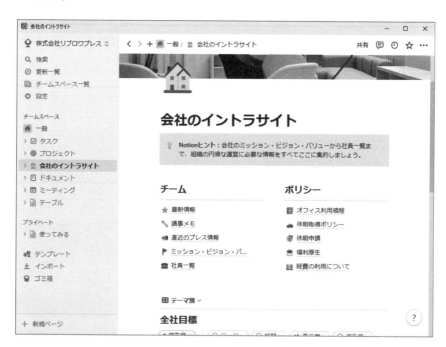

なぜNotionでプロジェクト管理を行うのか

　たくさんのプロジェクト管理ツールがある中で、なぜNotionを使うのでしょうか。

　既存のプロジェクト管理ツールは、確かにプロジェクト管理に特化した便利な機能が多数備えられています。しかし、SOHOやフリーランス、そして小規模事業者などにとって、そうした多機能すぎる既存ツールは適していないケースがよくあります。一般的に、専用機能の多さに比例して導入や運用、メンテナンスにかかるコストも大きくなります。その点、Notionは使いやすさや柔軟性といった部分で大きなメリットがあります。

　では、具体的にNotionのどのような点が優れているのでしょうか。プロジェクト管理ツールを構築するにあたって知っておくべきNotionの特徴を簡単に見ていきましょう。

カスタマイズ性の高さ

　まず1つ目の大きな特徴は、ページ内で文章の構造が作りやすい点や、文字や文章の装飾が容易にできる点などの、カスタマイズ性の高さが挙げられます。

レイアウトや装飾などのデザイン要素が豊富

　Notionの基本単位は、**ページ**です。1つのページに**ブロック**を配置し、ページを構成していきます。このブロックにはさまざまな種類があり、最もシンプルなものが**テキスト**です。そのほかに**見出し**や**箇条書き**といった文書の構造を作る要素があります。こうした文書の基本的な構造の記入には**マークダウン記法**が利用でき、リアルタイムに装飾が反映されていきます。

`Point`　マークダウン記法とは？

マークダウン記法とは、見出しや箇条書き、水平線などといった文章の構造や装飾を、一定のルールに従ってテキストで記述する手法です。マークダウン記法に対応したブラウザなどで読み込むと、そのルールに従ってテキストの装飾が施されます。Google DocumentやWordPressなどでも対応しており、使用する機会はますます増えていくことでしょう。

マークダウン記法で入力   要素に応じた装飾がリアルタイムに反映

```
# 見出し 1

---

## 見出し 2

- 箇条書きリスト
- 箇条書きリスト
- 箇条書きリスト

### 見出し 3

1．数字付きリスト
2．数字付きリスト
3．数字付きリスト
```

表示 →

見出し 1

見出し 2
- 箇条書きリスト
- 箇条書きリスト
- 箇条書きリスト

見出し 3
1. 数字付きリスト
2. 数字付きリスト
3. 数字付きリスト

　これだけでも文書としての体裁を整えるのに十分に感じることでしょう。しかし、このほかにも、ToDoリストやトグルリスト、コード、引用、コールアウト、段組といった文書の見た目に関するブロック要素もあります。また、画像も配置できるため、これらの要素をうまく組み合わせることで、より視覚的にページを作り込むこともできます。

ページ同士に階層構造を持たせられる

　こうした要素に加えて、ページ同士には階層構造を持たせられます。これにより、単なるメモからちょっとしたWebページ、ひいては階層構造を持ったWikiやWebアプリの制作が可能です。ページの階層構造についての詳細は、P.45で紹介しています。

データベース機能

　もう1つの大きな特徴は、**データベース**機能です。データベースというと、Excelのように行と列で構成された表形式でデータを記録するイメージが強いでしょう。
　Notionのデータベースも同様にデータを蓄積するのですが、**ビュー**という機能により、データの見せ方を柔軟かつ手軽に変えられる点が特徴的です（次ページの図参照）。また、1つひとつのデータ自体にページを持たせられるため、データ自体をページとして扱ったり、データに付随する情報を残したりできるのです。さらに、2022

年12月に追加された**サブアイテム**機能と**アイテムの依存関係**機能により、この強みがより一層強化されました。

　Notionで行うプロジェクトやタスクの管理では、プロジェクトやタスク自体をデータとして扱い、データベース同士を接続することで情報の集約と整理を行います。

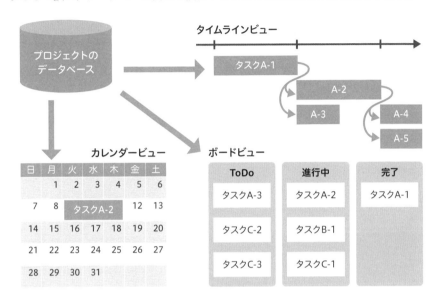

　データベースに登録できるプロパティ（情報の種類）も豊富に揃えられています。シンプルなテキストや数値のほか、日付、ファイル、チェックボックス、セレクト、ステータスなど、1つのデータについてさまざまな情報を持たせることができます。**関数**と組み合わせて使えば、独自のプロパティを作り出すこともできます。詳しくはP.207で解説します。

文書管理にも使用できる

　昨今では文書の電子化やDXの推進が呼びかけられています。そのような流れの中で、WordやExcelなどのファイルをファイルサーバーに保存し、管理する企業も少なくないでしょう。こうした管理方法の場合、メンテナンスが行き届かないとファイルが膨大になり目的のファイルが行方不明になることも少なくありません。

　Notionのデータベースでは、前述のとおりデータをページとして扱えるため、会議の議事録や業務の報告書といった文書管理も効率的に行えます。先ほど見たように、データにはさまざまなプロパティを設定できるため、管理したい文書の種類や状況に応じたタグなどを設定しておけば、探したい文書を手早く見つけ出すことができ

ます。また、データベースの設定にしたがって登録すればよいだけなので、細かい
ルールをその都度確認する必要もなくなります。

本書で作成するポータルページ

　次の画像は、本書で例として作成するポータルページです。プロジェクト管理だけ
でなく、Notionで作成した文書や各種管理台帳などへのリンク集など、業務に必要
な情報をすべて1箇所にまとめています。

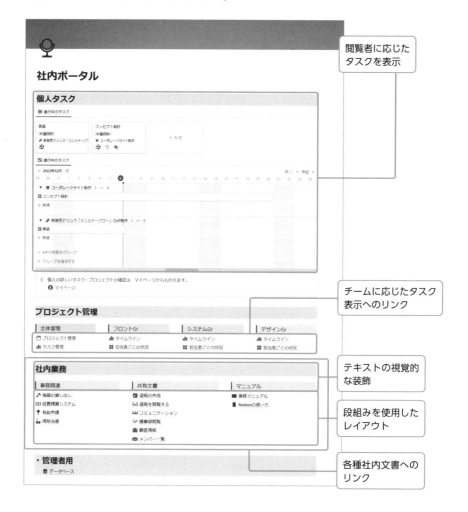

section
02

小企業のプロジェクト
管理の特徴

#プロジェクト管理 ／ #小企業による開発

Web制作や開発などに求められるプロジェクト管理とは？

まずは、本書のテーマであるプロジェクト管理とはどのようなものかを確認し、またどんな管理方法が求められるかを考えてみましょう。

短期間で進行する多数のプロジェクト

　Web制作会社には大小さまざまな規模の事業者が存在しますが、そのほとんどが中小規模の事業者です。比較的小規模なWeb制作会社や個人事業者では、多数のプロジェクトを受注し、短期間のうちに同時進行することも少なくありません。そういった状況では、社内のタスク進行状況の把握が難しくなり、スタッフへのタスクの割り振りに偏りが生じたり、無理な進行予定が組まれてしまったりといったリスクが発生しやすくなります。

　そのような状況を防ぐためには、プロジェクトの進行期間、必要な人員などをそれぞれ正確に把握し、プロジェクト同士の干渉が起きないようにする必要があります。

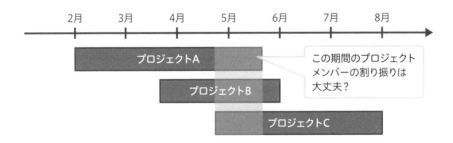

1人が複数のプロジェクトを担当

　フリーランスはもちろん、多くのWeb制作会社では、1人が複数のプロジェクトに参加することが少なくありません。プロジェクトの進行状況に応じて、同時に2つのタスクを割り当てる場合や、1つのタスクに絞って割り当てるなど、タスクの割り振りを適切に行う必要があります。そうした配慮を適切に行って無理のないスケジュールを立てるには、各プロジェクトの各工程においてタスクを細分化して、それぞれの依存関係を的確に把握する必要があります。

Aさんのタスク

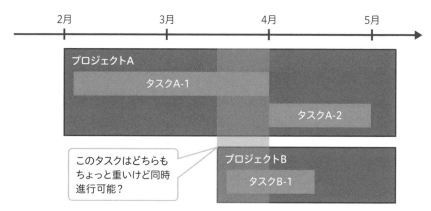

プロジェクトの進捗やメンバーのタスク担当状況の把握

　プロジェクトは、必ずしもスケジュールどおりに進行するとは限りません。プロジェクトがスケジュールどおりに進行するかどうかを、なるべく早く察知することが重要です。そのためには、プロジェクトの進捗状況をなるべくリアルタイムに把握しておく必要があります。また、メンバーのタスク担当状況を正確に把握しておき、いざというときに素早くリカバリできるようにしておく必要があります。

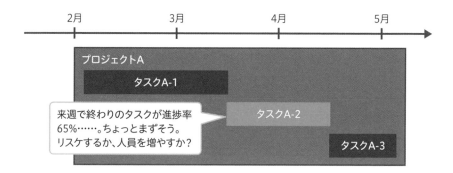

#プロジェクト管理手法／#ポピュラーなツール

プロジェクトの管理方法とよく使われるツール

よく使われるプロジェクト管理手法を知る

プロジェクトの進捗状況を正確に効率よく把握する手法は、開発現場の形態によってさまざまですが、ここでは代表的なものをいくつか紹介します。

カンバン方式

　カンバン方式は、タスクの状況などによってタスクを分類表示し、プロジェクトの状況を管理する手法です。もともとはトヨタ自動車で行われた部品の生産管理の手法で、部品の箱につけられたカンバン（看板）に、どの工程で何をどれだけ使ったかという情報を書き込みます。それを回収して部品工場に送ることで、使った分だけの部品を生産できます。在庫を最小限に抑えられる方式としてさまざまな現場で用いられるようになりました。

　この方式はソフトウェア開発などにも応用され、現在ではプロジェクト管理でも利用されています。最も単純な使い方としては、「ToDo」「進行中」「完了」といったタスクの状態を表すリストを用意し、カンバンに対応するボード（カードともいいます）をリストにぶら下げて使用します。初め「ToDo」にあったタスクが、着手した段階で「進行中」に、そして終わったら「完了」に移動します。多数のタスクがある場合に、どのタスクがどの状態にあるのかが一目でわかるのが特徴です。

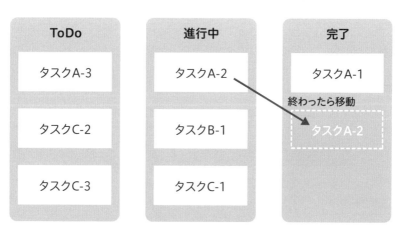

　ガントチャートは、プロジェクト内のタスクを横棒によって表示して進捗管理をする方法です。横軸方向に日時を取り、各作業に必要な期間や作業の流れなどを視覚的に確認できます。本書ではCHAPTER 4でこのガントチャートを作っていきます。

　たとえば、プロジェクト別の表示にすれば、プロジェクトの進捗情報を見ることができます。また、「タスクA-1が終わったらタスクA-2に着手できる」といった、タスク同士の関係（依存関係）も把握できます。

Aプロジェクト

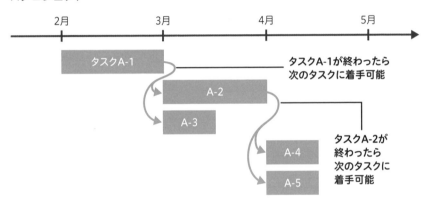

　スタッフ別に表示すれば、スタッフが抱えている案件や、先々のタスクの割り当て状況などの見通しを一目で確認できます。

Aさんのタスク

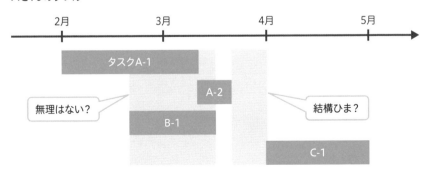

チケット方式

　ガントチャートは、全体の流れを先に確定するウォーターフォール開発のようなプロジェクトとの相性がよい管理方法です。その一方で、Web開発などアップデートが頻繁なプロジェクトにおいては、アジャイル開発やスクラム開発といったフレームワークが採用されることも少なくありません。

　そうした短期間のサイクルによってタスクを回していく開発手法では、チケット方式によるプロジェクト管理がよく用いられています。チケット方式は、細分化されたタスクをチケットという形で起票し、それに対して作業記録を蓄積し、タスクを回していく手法です。この開発手法は、どのような作業もチケットによって管理されることから、チケット駆動開発と呼ばれることもあります。チケット管理ツール内にガントチャートやカンバンなどを作成する機能が備えられていたり、Wikiを作成できたりするなど、豊富な機能が使えることも多いようです。

さまざまなプロジェクト管理ツール

　いくつかの代表的なプロジェクト管理方法について見てきました。こうしたプロジェクト管理手法を利用するためのツールは、実際にはインターネットを通じてSaaS（Software as a Service）として提供されています。Notion以外によく利用されるサービスをいくつか紹介します。

Trello

　カンバン方式のプロジェクト管理ツールで、Atlasianによって提供されています。無料でも使用できますが、有料でガントチャートの作成などもできるようになります。

Jira Work Management

　こちらもAtlasianによって提供されているプロジェクト管理ツールです。カンバン方式やガントチャート、カレンダーなどの機能を備えています。Jira Work Managementのほかに、Jira Softwareというソフトウェア開発に特化したツールも用意されています。10名までは無料でで使用できますが、それ以上は規模に応じた有料プランが用意されています。

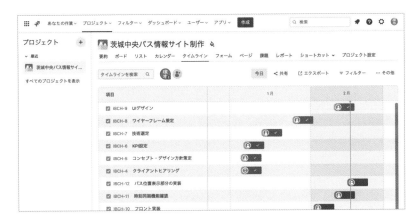

Redmine

　チケット方式を採用しているプロジェクト管理ソフトウェアです。先に紹介したツールはいずれもインターネット上のサービス（SaaS）として提供されていますが、Redmineは手元のパソコンにインストールして動かすことが可能です。同等な機能を持つMy RedmineもSaaSとして有料で提供されています。

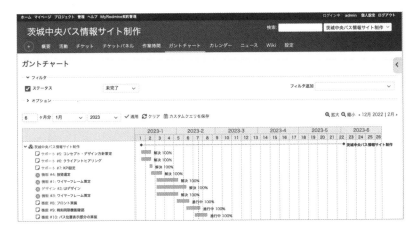

Backlog

　ヌーラボが開発した国産のプロジェクト管理ツールです。ボード（カンバン方式）やガントチャート、リスト表示など、プロジェクト管理の基本ツールからバージョン管理システムとの連携など、さまざまな機能を備えています。利用規模に応じた有料プランが用意されています。

Asana

　Asanaにより開発されたプロジェクト管理ツールです。ボード（カンバン）、タイムラインといった基本機能や、決まったタスクをワークフローに設定して自動的にタスク状況を更新したり、チームのメンバーとチャットを行ったりする機能が備えられています。利用できる機能に応じた有料プランが用意されています。

プロジェクト管理とNotionの基本

1

表計算ソフト

　これまでに紹介したような専用のツールを使用しなくても、Microsoft Excelや
Googleスプレッドシートといった表計算ソフトを駆使すれば、オリジナルのプロ
ジェクト管理ツールを作成できます。

　会社やプロジェクトの規模にもよりますが、既存のツールに比べてシンプルで必要
最小限の機能のみを実装できます。また、必要に応じてカスタマイズもできるので、
小回りの利く運用をしたい場合は選択肢の1つになると思います。

　下の画像は、筆者の会社で使用してきた、Google スプレッドシートで作成したガ
ントチャートです。プロジェクトごとに別のシートを作成し、プロジェクトの進行
予定をそこに記入します。Google App Scriptで組んだスクリプトを実行するとプロ
ジェクトごとのシートからデータを読み込み、すべて集計して表示しています。

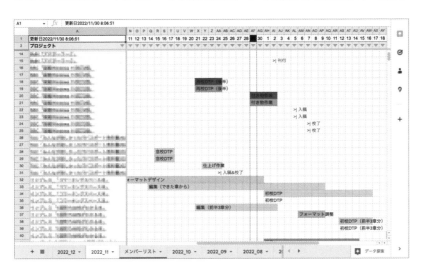

#チームでの利用 ／ #利用プラン

Notionの利用プランと
チームでの利用

利用形態を確認

チームでの利用を考える場合、Notionの機能を十分に発揮するために利用プラン
について理解しておく必要があります。料金体系についても確認しておきましょう。

利用プラン

　Notionには、個人利用から大規模なチームでの利用まで、柔軟に対応できる特徴
もあります。次のように使い方に応じた複数のプランが用意されています。

Notionの利用プランと特徴（2023年1月現在）

プラン名	特徴	利用料金
フリー	チームスペース（後述）を含めたNotionの基本機能がすべて利用できます。追加できるコンテンツ数に制限はありませんが、アップロードできるファイルの容量が1ファイルあたり5MBまでであったり、ワークスペース（後述）にメンバーを追加できなかったりと制限があります（ただし、ゲストコラボレーターは10名まで招待可能）。	無料
プラス	フリープランと同等の機能に加え、アップロードできるファイルの容量の制限がなくなり、招待できるゲストコラボレーターの制限が100名まで引き上げられます。また、最長30日間のバージョン履歴にアクセスが可能です。	年払いの場合は月額換算で月々8ドル、月払いの場合は月々10ドル
ビジネス	プラスプランの機能に加えて、ゲストコラボレーターの制限が250名までに引き上げられます。またプライベートなチームスペースの利用や、メンバーに対してコンテンツ共有の制御、ワークスペースの各種設定などが行えるようになります。	年払いの場合は月額換算で月々15ドル、月々払いで月額18ドル
エンタープライズ	大規模なチーム向けのプランで、チームプランの機能に加えて、さらに高度なセキュリティ設定を行えたり、バージョン履歴へのアクセスが無制限に行えたりできます。	年払いの場合は月額換算で月々20ドル、月々払いで月額25ドル

　これらのプランがどういったものであるかを理解するには、Notionのワークスペースの構造についての理解が欠かせません。そのために、知っておく必要がある概念は、**ワークスペース**と**チームスペース**です。

最も大きな単位「ワークスペース」

どのプランを選択しても利用することになるのが、ワークスペースです。ワークスペースはNotionの各アカウントで管理できる最も大きな単位で、各アカウントで複数のワークスペースを持つことができます。ただし、ワークスペース同士は完全に隔たれているため、ワークスペースをまたいでページリンクを作成したり、データベースを参照したりはできません。そのため、プライベートと仕事といった、目的別にワークスペースを作成するという使い方が適しています。

ワークスペースにはページを作成できます。通常はほかの人と共有しない**プライベート**状態で作成されますが、ほかの人と共有すると**シェア**という状態になります。ページ単位で共有する場合、共有した相手を**ゲスト**と呼びます。

ワークスペースには**メンバー**を追加できます。メンバーはワークスペースごと共有したアカウントのことです。ただしどのプランにおいても、ワークスペースに追加したメンバー数に応じて利用料金が発生します。

以上を図にまとめると、次のようになります。

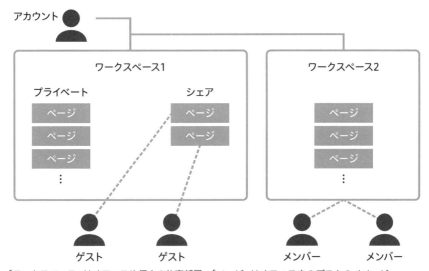

「ワークスペース」はオフィスや個人の仕事部屋、「ページ」はオフィス内のデスクのイメージ

チーム単位での利用を想定した「チームスペース」

　チームスペースは、その名前のとおりチームでの利用が想定された機能です。ワークスペースの次に大きな単位で、ワークスペース内に複数作れます。ワークスペースのメンバーは、各チームスペースに対して個別にアクセス権限の設定ができます。これにより、誤って他チームの情報を編集したり参照したりするリスクをなくすことができます。

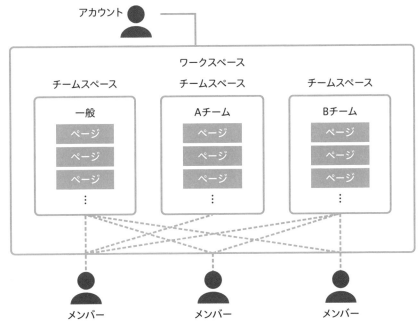

「チームスペース」はオフィスでいうとミーティングルームや部署ごとの島といったイメージ

section
05

Notionアカウントを
作成する

Notionの利用方法

Notionの特徴がわかったところで、早速アカウントを作成してみましょう。パ
ソコンやモバイルなど、複数の端末から使用する方法についても紹介します。

Notionの利用を開始する

　Notionの利用を開始するには、アカウントを作成する必要があります。まず、
WebブラウザでNotionのホームページ（https://www.notion.so/ja-jp）にアクセス
し、[Notionを無料で使ってみる] をクリックします。

❶ [Notionを無料で
入手] をクリック

　アカウントの作成方法には、メールアドレスで作成するか、Googleアカウントま
たはAppleアカウントを使用する方法があります。ここでは前者の方法を紹介しま
す。後者の場合は、それぞれのアカウントでの認証を行い、手順❺までスキップして
ください。

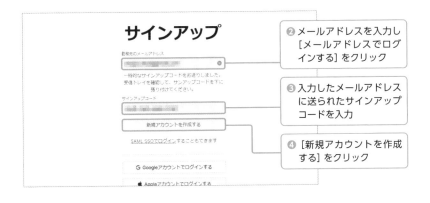

❷ メールアドレスを入力し
　[メールアドレスでログ
　インする] をクリック

❸ 入力したメールアドレス
　に送られたサインアップ
　コードを入力

❹ [新規アカウントを作成
　する] をクリック

Notionのユーザーとして表示する名前を入力し、パスワードを設定します。

❺ 表示する名前を入力

❻ パスワードを入力

❼ [続ける] をクリック

　Notionをどのように使うかを選択します。ご自身の用途に合わせて選択してください。ここでは [チームで利用] を選択します。

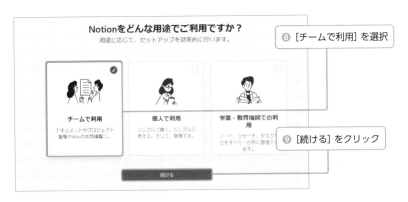

❽ [チームで利用] を選択

❾ [続ける] をクリック

1

プロジェクト管理とNotionの基本

「あなたについて教えてください」の画面では、ご自身に合わせて回答してください。答えずにスキップしても構いません。

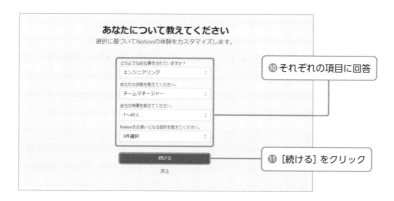

チームのワークスペースを作成します。ワークスペース名を入力し、[続ける] をクリックします。

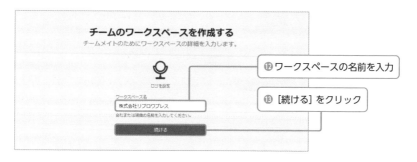

チームメイトを招待する場合は、ここでメールアドレスを入力してください。あとからでも追加できます。ここでは招待せずに続けます。

　最後に、初期状態でチームスペースに配置するテンプレートを選択します。ここでは [プロジェクト＆タスク] を選択して、[始める] をクリックします。

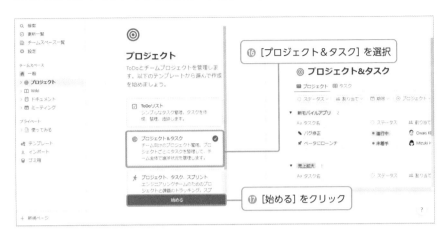

ワークスペースが作成され、使い始められるようになります。

　手順8で [チームで利用] を選択すると、自動でチームスペースが作成され、「一般」というセクションが作成されます。フリープランでもワークスペースやチームスペースにメンバーを招待できますが、「作成できるブロック数が1000個まで」「ゲストの数が10人まで」といった制限があります。使い始めのうちは、フリープランで使い勝手を確かめ、人を増やして使っていくことになったタイミングで利用プラン（P.23参照）を変更する、といった使い方がよいでしょう。

Notionを利用できるデバイス

Notionは、先ほど見たようにブラウザで使用できるWebアプリですが、このほかにデスクトップアプリとモバイルアプリも用意されています。

デスクトップアプリ

デスクトップアプリを使用したい場合は、下記のURLを開き、使用しているOSに対応したインストーラをダウンロードしてください。Notionのホームページ上部のメニューの［ダウンロード］からもアクセスできます。

・Notion for Mac & Windows

https://www.notion.so/ja-jp/desktop

❶使用しているOSに対応したインストーラを選択

Mac版は、ダウンロードしたファイルを展開し、インストーラを起動してください。表示されたウィンドウ内のNotionのアイコンを、隣のアプリケーションフォルダーにドラッグ＆ドロップして、インストールが完了します。

Windows版は、ダウンロードしたインストーラを実行すれば、インストールが開始され、自動的に完了します。

どちらのOSでも、アプリケーションを起動するとログイン画面が表示されます。ご使用のアカウントでログインしてください。

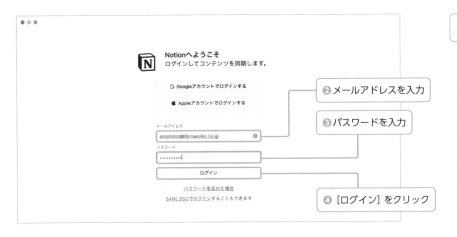

② メールアドレスを入力

③ パスワードを入力

④ [ログイン] をクリック

ログインすると、ワークスペースが開きます。

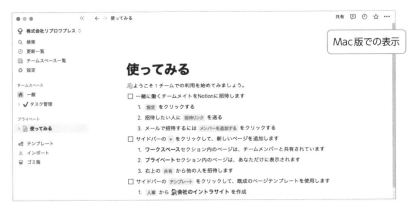

Mac版での表示

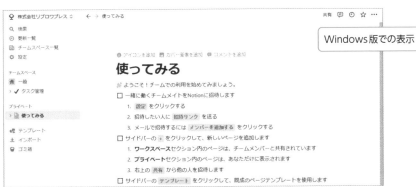

Windows版での表示

モバイルアプリ

　モバイルアプリは、iOSとAndroidの2つに対応しており、それぞれ、「App Store」「Google Playストア」からインストールできます。それぞれのストアでNotionを検索するか、Notionのホームページ上部のメニューの[ダウンロード] → [iOS & Android]をタップして、それぞれのストアにアクセスし、そこからインストールできます。

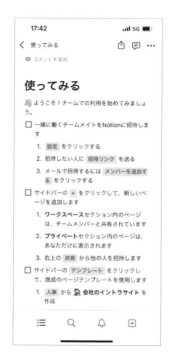

iOS版での表示

コンテンツはデバイス間ですべて同期される

　ブラウザ版、デスクトップ版、モバイル版のどれからでもページの編集が可能です。編集したコンテンツは即時にアップデートされるため、職場やリモートワーク、外出先など、それぞれのTPOに合わせてNotionを使うことができます。ただし、インターネットに接続していることが必須条件になります。オフラインでは使用できないので、注意してください。

section
06

画面の見方を理解する

#画面の構成 ／ #各要素の機能

Notion基本リファレンス①
画面構成と機能を知る

まずはNotionの画面がどのように構成されていて、それぞれにどのような機能が備わっているのかについて理解していきましょう。

4つの要素

Notionの画面は、大きく分けて4つの要素によって構成されています。

NotionのUIは洗練されているため、名前までしっかりと覚えなくてもなんとなく操作ができてしまいます。しかし、使っていてもなかなか気づきにくい機能や表示なども意外とあります。どういったものがどこにあるか、簡単に把握しておきましょう。

サイドバー　　トップバー　　タイトルエリア

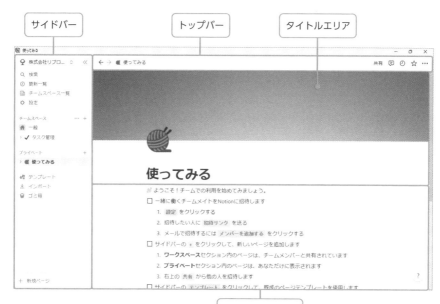

ページコンテンツ

Notion の画面を構成する要素

要素名	説明
サイドバー	ワークスペースの切り替え、アカウントの設定、ページへのリンク、テンプレート、ゴミ箱など、Notionの操作に関する機能が集約されたエリアです。
トップバー	開いているページの階層構造や、編集ログ、コメントなどを表示するエリアです。
タイトルエリア	ページのタイトルや、ページを表現するアイコン、カバー画像などを表示するエリアです。
ページコンテンツ	画面のメインとなるエリアで、ユーザーが書き込んだページの内容が表示されるエリアです。

　普段、頻繁に利用することになるのが、サイドバーとページコンテンツのエリアです。ブラウザ版とデスクトップ版では前ページのように表示されますが、モバイル版では、サイドバーは同時に表示されません。画面左上の［＜］マークをタップすると、画面が切り替わってサイドバーのみが表示されます。

　ここからは、それぞれのエリアについてもう少し詳しく見ていきましょう。

サイドバー

　サイドバーは、Notion全体に関する機能が集約されたエリアです。

ワークスペースの切り替え

　ワークスペース名をクリックすると、使用中のワークスペースがダイアログに表示されます。複数のワークスペースを持っている場合は、この下にそのワークスペースのリストも表示され、使用したいワークスペースをクリックすると切り替わります。

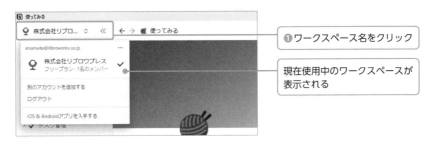

❶ ワークスペース名をクリック

現在使用中のワークスペースが表示される

　新しくワークスペースを作成したい場合は、右上の［…］をクリックして、［ワークスペースへの参加・新規作成］をクリックします。

❶ [⋯] をクリック

❷ [ワークスペースへの参加・新規作成] をクリック

プロジェクト管理とNotionの基本

また、Notion のアカウントを複数所有している場合、[別のアカウントを追加する] から追加すると、アカウントを切り替えることもできます。

❶ [別のアカウントを追加する] をクリック

なお、ワークスペース名にマウスポインターを乗せると、ワークスペース名の右側に [<<] というマークが表示されます。これをクリックすると、サイドバーが非表示になり、ページコンテンツを広く表示できるようになります。

検索

[検索] をクリックすると、ウィンドウが表示されます。ここでは、ワークスペース内のコンテンツを検索できます。[タイトルのみ検索] [作成者] [チームスペース] [ページ内] [日付] といった単位で絞り込み検索もできます。

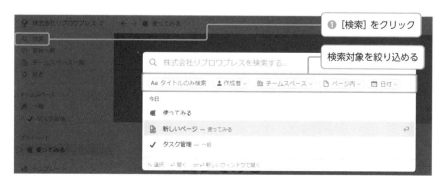

❶ [検索] をクリック

検索対象を絞り込める

更新一覧

[更新一覧]をクリックすると、ウィンドウが表示されます。ここでは、ワークスペース内の更新履歴やほかのユーザーからのコメントなどを、[受信トレイ][フォロー中][すべて][アーカイブ済み]のタブを選んで確認できます。

チームスペース一覧

[チームスペース一覧]をクリックすると、サイドバーが「チームスペース一覧」に遷移します。ここには自分が参加しているチームスペースが一覧表示されます。[その他のチームスペース]には、入る権限はあるが参加していないチームスペースが表示されます。新しくチームスペースを作成するには、[新規チームスペース]をクリックします。

設定

　[設定] をクリックすると、ウィンドウが開きます。ここではアカウントに関する設定や、ワークスペースに関する設定などが行えます。

❶ [設定] をクリック

アカウントに関する設定

ワークスペースに関する設定

チームスペース・プライベート・シェア・お気に入り

　ワークスペース内のチームスペースがここに表示されます。また、ワークスペース内でほかのユーザーと共有されていないページが「プライベート」に、ほかのユーザーと共有されているページが「シェア」に分類されて表示されます。

　ほかのユーザーと共有しているページがない場合は、「チームスペース」「プライベート」「シェア」の分類を示すラベルは表示されません。

　また、ページをお気に入りにすると「お気に入り」が表示され、該当するページがそこにリストされます。

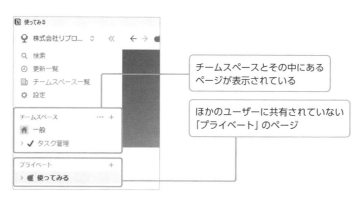

チームスペースとその中にあるページが表示されている

ほかのユーザーに共有されていない「プライベート」のページ

プロジェクト管理とNotionの基本

1

テンプレート

　[テンプレート] をクリックすると、ウィンドウが開きます。ここでは、Notion に
あらかじめ用意されているテンプレートを選択して使用できます。仕事からプライ
ベートまで使える、さまざまな種類のテンプレートが用意されています。データベー
スの使い方 (P.67参照) など、ツールの使用方法を学ぶのにも打って付けです。

インポート

　[インポート] をクリックすると、ウィンドウが開きます。ここでは、外部の Web
アプリのデータや、文書作成ソフト・表計算ソフトなどのデータを、Notion に取り
込むための機能が集約されています。使用方法の例は、P.233で紹介しています。

ゴミ箱

　[ゴミ箱]をクリックすると、ダイアログが開きます。ここでは、削除したページやデータベースなどを確認できます。ページなどの削除方法は、P.117で紹介しています。

トップバー

　ページの上部にある、細長い領域です。主に、ページコンテンツに関わる情報を確認したり操作したりするのに使用します。

階層リンク

　トップバーの左側に表示されます。現在開いているページを、パンくずリストで階層表示しています。ページの階層が深くなると[…]で省略されることがあります。[…]をクリックすると、省略されたページのリストが表示されるので、そこからページをクリックして移動できます。

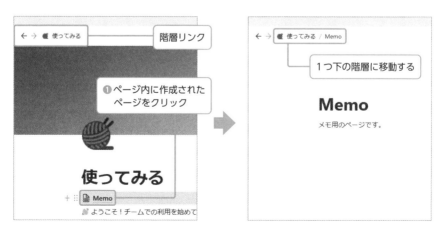

共有

　クリックするとウィンドウが開き、そのページの共有設定を確認したり操作したりできます。

コメント

　クリックすると、右側にサイドバーが表示され、ページ内に投稿されたコメントを確認したり、コメントに返事を投稿したりできます（P.203参照）。ただし、データベース（P.67参照）にはコメントを投稿できないため、データベースをページとして開いた際は、コメントのアイコンは表示されません。

更新履歴

　クリックすると、右側にサイドバーが表示され、ページ内の更新履歴が表示されます。有料のプランでは、各バージョンの編集状態を確認したり戻したりできます。

お気に入り

　クリックすると、現在表示しているページをお気に入りに登録できます。お気に入りに登録されたページは、サイドバーの「お気に入り」のエリアにリストされるため、素早くアクセスできるようになります。登録を解除したい場合は、もう一度クリックしてください。

ページ設定

　クリックすると、ウィンドウが表示され、ページ内のフォントやサイズ、左右の余白といったスタイルの設定、またページのエクスポートなどができます。

　タイトルエリアで設定できるのは、**タイトル**、**アイコン**、**カバー画像**の3つです。特にアイコンとカバー画像は、ページの違いを視覚的に表現できるので、うまく使えば使い勝手の向上にも役立ちます。

タイトル

　ページのタイトルは、ページの最上部に配置され、階層リンクなどの表示にも使用されます。

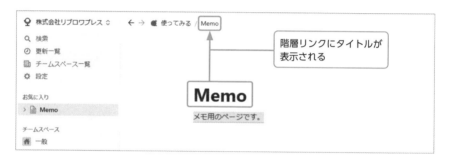

アイコン

　アイコンは1つの小さなイラスト、または画像によってページを識別するのに使用します。ページへのリンクなどは、アイコンとページのタイトルの2つによって表示されます。

　アイコンには大きく分けて、**絵文字**、**アイコン**、**カスタム**の3種類があります。
　初期の状態ではアイコンは設定されていませんが、タイトル上部の［アイコンを追加］をクリックすると、ランダムで絵文字のアイコンが設定されます。変更したい場合はそのアイコンをクリックします。

ウィンドウが表示され、[絵文字] のタブが選択された状態になります。変更したいアイコンをクリックすると、選択したアイコンが設定されます。

絵文字のほかに「アイコン」という種類のアイコンがあります。これはNotionが独自に用意しているアイコンで、シンプルでわかりやすいデザインが採用されています。10種類の色から選べるので、ページの種類ごとに分類するといった使い方もできます。

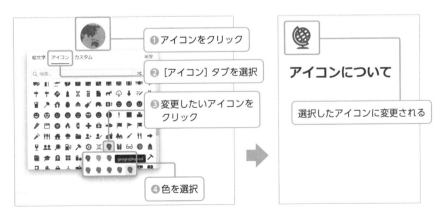

「カスタム」では、画像ファイルをアップロードして、オリジナルのアイコンを設定できます。アイコンをクリックして [カスタム] タブからアップロードします。

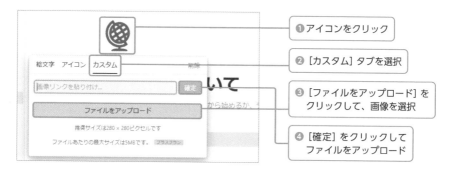

❶ アイコンをクリック

❷ [カスタム] タブを選択

❸ [ファイルをアップロード] を
クリックして、画像を選択

❹ [確定] をクリックして
ファイルをアップロード

カバー画像

カバー画像の設定は、タイトル上部の [カバー画像を追加] をクリックすると、ランダムにカバーが設定されます。

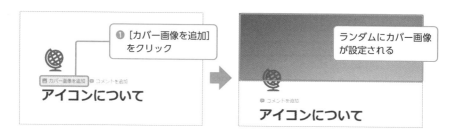

❶ [カバー画像を追加]
をクリック

ランダムにカバー画像
が設定される

ほかのカバー画像に変更したい場合は、カバー画像上にマウスポインターを乗せると表示される [カバー画像を変更] をクリックします。ウィンドウが表示されるので、その中から好きなカバー画像を選択すると、変更されます。アイコンと同様に、自分で用意した画像も設定できます。

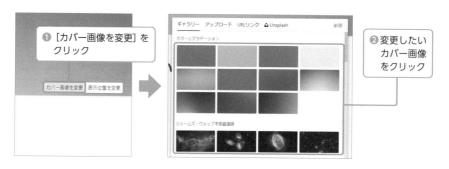

❶ [カバー画像を変更] を
クリック

❷ 変更したい
カバー画像
をクリック

section
07

#ページ／#ブロック

Notion基本リファレンス②
ページとブロックを作成する

ページの編集方法を
知る

Notionのページの基本単位であるページと、ページを構成するブロックについて理解していきましょう。

1

プロジェクト管理とNotionの基本

ページの基本構成

　Notionでコンテンツを作成していくうえで、最も基本的な要素となるのが**ページ**と**ブロック**です。ワークスペースやチームスペースには、ページを配置できます。そして、ページの中にはブロックを配置でき、これによってコンテンツを構築していけるようになっています。なお、実際のページの作成手順はCHAPTER 2で解説しています。まず自分で作ってみたい場合はそちらから読み進めても大丈夫です。

ページは階層構造にできる

　ページはワークスペースに直接置く場合と、次の図のように、別のページにぶら下げて包含関係にする場合があります。

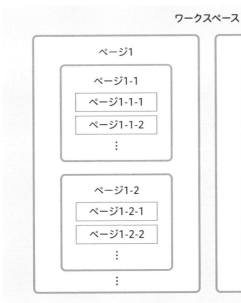
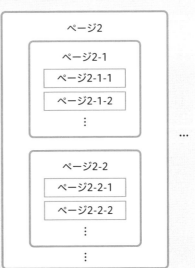

この包含関係によって、階層構造を作ることができます。この包含関係では、1つ上の階層のページを**親ページ**、1つ下の階層のページを**子ページ**と呼びます。ページの階層構造はいくらでも深く作れますが、あまりにも深くすると目的のページを見つけるのが大変です。実用性やメンテナンス性なども考えて整理して構築しましょう。

ページはブロックによって構成される

　ページはブロックという要素によって構成されています。ブロックの左側には［＋］［ ⋮⋮ ］というアイコンが表示されます。［＋］をクリックすると、ブロックの挿入、［ ⋮⋮ ］をクリックすると、ブロックの設定メニューが表示されます。

　最もシンプルでよく使われるブロックは**テキストブロック**と呼ばれるものです。これは、ページ内にテキストを配置するのに使用します。そのほかにも、**見出しブロック**や**ToDoリストブロック**など、さまざまなブロックが用意されています。こうしたさまざまなブロックを組み合わせることで、柔軟性の高いプロジェクト管理ツールを作成できるのです。

　［ ⋮⋮ ］をドラッグ＆ドロップすると、ページ内の位置を移動できます。これにより、レイアウトの調整が直感的で簡単に行えます。

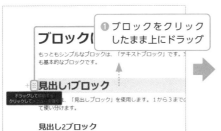

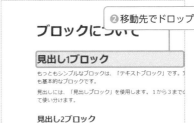

基本的なブロック

どのような種類のブロックがあるのか、基本的なブロックについて詳しく見ていきましょう。

テキストブロック

テキストブロックは最もシンプルなブロックで、文章を入力するのに使用します。

テキストブロックの文字を装飾する

文字の装飾も行えます。装飾したい文字を選択すると、メニューが表示されます。この中から選択することで、太字や斜体、下線、文字色、背景色など、さまざまな設定ができます。

基本ブロックについて理解する　装飾が施された

テキストブロックは最もシンプルなブロックです。文章を入力するのに使用します。単純にテキストを表示するだけでなく、太字にしたり下線を引いたり色を付けたり背景色を設定したりすることもできます。

テキストブロック単位で装飾する

　［ ⁝⁝ ］をクリックして、［カラー］を開くと、ブロック単位で文字色や背景色も設定できます。

ブロック単位で文字色または背景色も設定できる

　ブロック単位の装飾は、テキストブロックだけでなく、見出しブロックなどのほかのブロックでも設定できます。

見出しブロック

　見出しをつけるのに使用するブロックです。1から3までの3段階の見出しが用意されています。ブロック横の［＋］をクリックして［見出し1］をクリックすると、1番大きいレベルの見出しを挿入できます。これよりも小さいレベルの見出しを挿入するには、［見出し2］や［見出し3］をクリックします。

　または、マークダウン記法を利用して、ブロックの先頭で半角の「#」と半角スペースを入力すると、見出し1を入力できるようになります。見出し2を入力したい場合は「##」、見出し3を入力したい場合は「###」を入力します。

> **1番大きい見出し**
> 見出しを使うと、内容を整理しながら文章を読みやすくできます。
>
> **次に大きい見出し**
> Notionでは、見出しの大きさを3段階まで分けることができます。
>
> **1番小さい見出し**
> 見出しのレベルに応じてサイズが変わります。

箇条書きリストブロック

　箇条書きを記述するには、箇条書きリストブロックを使用します。ブロック横の[＋]をクリックして[箇条書きリスト]をクリックすると、箇条書きを挿入できます。

　または、マークダウン記法を利用して、ブロックの先頭をクリックして、カーソルが点滅している状態で「-」（ハイフン）と半角スペースを入力すると、箇条書きリストが入力できるようになります。箇条書きリストブロックの末尾で改行すると、新しいブロックも箇条書きリストとして連続で入力できます。箇条書きリストブロックの入力を解除したい場合は、そのままもう一度 Enter キーを押します。

　箇条書きの階層構造を作りたい場合は、箇条書きリストブロックの先頭で Tab キーを押します。次の画像のように、3段以上の深い構造を作ることもできます。

> **箇条書きリスト**
> - 「箇条書きリスト」を選択して入力
> - マークダウン記法では、ブロックの先頭で「-」と入力
> - 改行すると自動的に追加されます
>   - Tabキーで1段下げることで
>   - 階層構造を作ることもできます
>   - 3段以上の
>   - 深い構造も可能です

番号付きリストブロック

　番号付きのリストを作るには、番号付きリストブロックを使用します。ブロック横の[＋]をクリックして[番号付きリスト]をクリックすると、番号付きリストを挿入できます。または、マークダウン記法を利用して、ブロックの先頭で「1.」と半角スペースを入力すると、番号付きリストが入力できるようになります。

　番号付きリストブロックの末尾で改行すると、新しいブロックも番号付きリストとして連続で入力できます。先頭の数字も自動的に増加します。番号付きリストブロックの入力を解除したい場合は、そのままもう一度 Enter キーを押します。

また、番号付きリストでも、箇条書きリストブロックと同様に、Tab キーで階層構造を作ることができます。

番号付きリスト

1. 「番号付きリスト」を選択して入力
2. マークダウン記法では、ブロックの先頭で「1.」と入力
3. 改行すると、番号の数値が1増加して追加されます
   a. Tabキーで1段下げることで
   b. 階層構造を作ることもできます

トグルリストブロック

　トグルリストを使うと、コンテンツの表示・非表示を簡単に切り替えられます。箇条書きに補足説明を加えたい場合や、普段は非表示にしておきたいが、手軽に参照できるようにしておきたい文章などを入れることができます。

　トグルリストを作るには、ブロック横の [＋] をクリックして、[トグルリスト] をクリックします。もしくは、ブロックの先頭で「/toggle」(「/トグル」「；トグル」でも可) と入力すると、トグルリストブロックの入力候補が表示されるので、それをクリックするかそのまま Enter キーを押します。

「/」（半角スラッシュ）または「；」（全角セミコロン）で始まる入力を**コマンド**といい、ブロック内で決められたコマンドを入力すると、指定したタイプのブロックを挿入できます。ブロックの途中で入力した場合は、その下にブロックが挿入されます。

トグルリストブロックの入力は、まずリストの項目の見出しを入力します。

項目の見出しを入力したら、ブロック先頭の［▶］をクリックします。コンテンツの入力スペースが表示されるので、ここにコンテンツを入力します。通常のブロックと同様に入力できます。

また、［⠿］をドラッグ＆ドロップして、トグルリストブロックの外にあるブロックを入れることもできます。

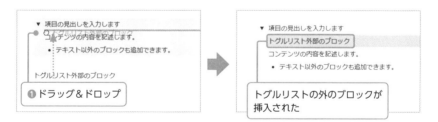

ToDoリストブロック

ToDoリストブロックは、その名のとおり、ToDoリストを設置するためのブロックです。ブロック横の［＋］をクリックして［ToDoリスト］をクリックするか、コマンドを利用して、ブロックの先頭で「/ToDo」（「；ToDo」でも可）と入力すると、ToDoリストブロックに変わります。

各ToDoリストブロックの先頭にチェックボックスが配置され、チェックを入れるとそのブロックのテキストの色が薄くなり、打ち消し線が引かれます。簡単なタスク管理なら、ToDoリストでも十分に行えます。詳しくはP.80で紹介します。

1

プロジェクト管理とNotionの基本

ToDoリストでタスク管理

今日やること

- ☑ ごみ捨て
- ☑ 買い出し
- ☐ 掃除

引用ブロック

　ほかの文献などから文章を引用するのに使用します。ブロック横の［＋］をクリックして［引用］をクリックするか、コマンドを利用して、ブロックの先頭で「/quote」（「/引用」「；引用」でも可）と入力すると、引用ブロックに変わります。

　引用ブロックは、ブロックの左側に黒の縦線が引かれ、引用であることがわかるようになっています。これを装飾の一種と捉えて、見出しなどのコンテンツタイトルの装飾に利用するといった使い方もできます。

引用

他の文献などから文章を引用することを示すのに使用します。Notion上では、コンテンツタイトルのアクセントとして使用してもよいでしょう。

区切り線ブロック

　コンテンツの内容を区切るために使用します。視覚的に内容の区切りを把握できるので、うまく使えばよいアクセントとなります。

　区切り線を挿入するには、マークダウン記法を利用してブロックの先頭で「---」と入力するか、コマンドを利用して「/div」と入力し、 Enter キーを押して挿入します。「---」と入力した場合、3つ目の「-」が入力された時点で即時に区切り線が挿入されます。

区切り線を削除するには、ブロック横の［ :: ］をクリックして、［削除］をクリックします。

コールアウトブロック

コンテンツ内の注意書きやTIPSなど、目立たせたい文章に対して使用します。

コールアウトを挿入するには、ブロック横の［+］をクリックして［コールアウト］をクリックするか、コマンドを利用して「/callout」(「/コールアウト」「；コールアウト」) と入力して Enter キーを押します。

コールアウト

💡 コンテンツ内の注意書きやTIPSなど、目立たせたい文章に対して使用します。

デフォルト状態では、文章の先頭に電球のアイコンが設定されています。別のアイコンにしたい場合は、このアイコンをクリックして変更できます。

背景色や文字色なども、ブロック横の [::] をクリックして [カラー] から変更できます。

テーブルブロック

表を作るには、テーブルブロックを使用します。

ブロック横の [＋] をクリックして [テーブル] をクリックするか、コマンドを利用して「/table」(「/テーブル」「；テーブル」) と入力して、Enter キーを押して挿入します。デフォルトでは3行2列のテーブルが挿入されます。

テーブル

行や列を増やすには、表の右端、または下端付近にマウスポインターを近づけると [＋] が表示されるので、クリックまたはドラッグすると行や列を増やせます。

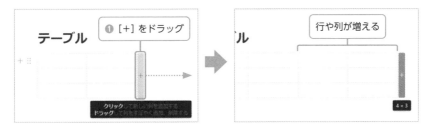

行や列の見出しを設定することができます。

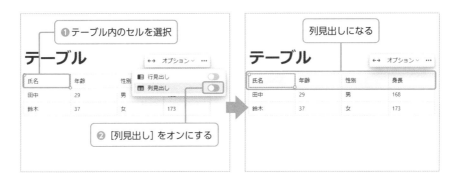

行・列の背景色、文字色なども設定できます。

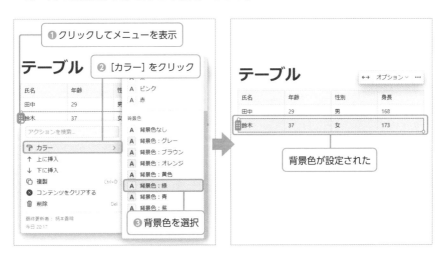

section
08

データベースと
ビューを知る

#データベース ／ #ビュー

Notion基本リファレンス③
データベース機能を理解する

データベースは、Notionの強力な機能の1つです。本書で作成するプロジェクト管理システムの根幹ですので、まずは基本的な使い方を理解しましょう。

2種類の表示方法

　P.12でも紹介したように、Notionの大きな特徴の1つがデータベース機能です。データベースを利用するとさまざまなことができるようになりますが、一般的にはSQLのようなデータベース言語を利用してシステムを作り込む必要があります。Notionの素晴らしい点は、データベースが非常に簡単に扱えるということです。SQLのような専門の技術は不要ですし、プログラミングを行う必要もありません。

　データベースの作成方法は**インライン**と**フルページ**の2とおりがあります。

インラインのデータベース

　インラインのデータベースは、ページ内のブロックとして作成したものです。ほかのブロックと同じように、作成したデータベースはページ内でドラッグ＆ドロップしても移動できます。ページの中のパーツとして、データベースのデータを表示したい場合に使用するとよいでしょう。

　ブロック横の［＋］をクリックし、［データベース：インライン］をクリックすると、挿入できます。

❶ ［データベース：インライン］をクリック

フルページのデータベース

　もう1つの利用方法は、**フルページのデータベース**です。フルページのデータベースは、見た目は通常のページと同じですが、ブロックは配置できません。ページ全体をデータベースとして使用します。データベースの情報以外に表示するものがなく、ページ全体を広く利用してデータを見せたい場合に使用するとよいでしょう。

　フルページのデータベースは、通常のページと同じように新規作成ページから作成します。

全体がデータベース用のページになっている

データベースの真価を発揮する「ビュー」

データを蓄積したデータベースは、欲しい情報をまとめ、整理して表示することで真価を発揮します。Notionには、その情報を整理して表示するビューという機能があります。

ビューには、**テーブルビュー**、**ボードビュー**、**カレンダービュー**、**タイムラインビュー**、**リストビュー**、**ギャラリービュー**の6種類があります。詳しくはP.113で説明しますが、ここではどんな表示なのかを簡単に紹介します。

テーブルビュー

まず、**テーブルビュー**は、データベースの内容が最も生の状態に近いビューで、1つひとつのデータの内容を見ることができます。

ボードビュー

ボードビューは、データをカンバン方式で表示するためのビューです。タスク管理に利用できます。

カレンダービュー

カレンダービューは、データをカレンダー上に表示するためのビューです。タスク管理やスケジュール管理に利用できます。

1

プロジェクト管理とNotionの基本

タイムラインビュー

タイムラインビューは、データをガントチャートで表示するためのビューです。こちらもタスク管理に利用できます。

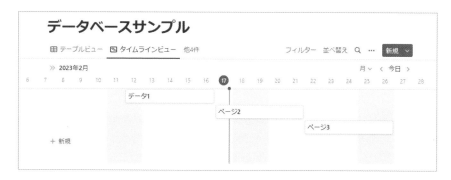

リストビュー

リストビューは、テーブルビューよりもシンプルなデータ表示方法で、データ名を左端に、右側に表示したいプロパティを並べて表示します。

ギャラリービュー

ギャラリービューは、データのプロパティやカバー画像、アイコンなどをサムネイル表示するビューです。視覚的にデータを確認したいときなどに便利です。

CHAPTER

2

プロジェクト管理に
必要なデータベースの
基本を知ろう

#ページ／#リンク

ページを作成してみよう

Notionの基本の機能がわかったところで、まずはNotionを構成する基本単位であるページを作成する手順を学んでいきましょう。

ページを作成してみる

第1章の最後で、Notionのデータベース機能は、本書で作成するプロジェクト管理システムの根幹であると述べました。しかし、Notionで作成するプロジェクト管理システムをはじめとするコンテンツは、ページやデータベースといった複数の要素をリンクさせて作り上げていきます。つまり、データベースの作成方法を知る前に、まずはページの作成と、それらをリンクする方法について知っておく必要があるのです。そこで、ここでは、練習として簡単なサンプルを作成しながらその方法を紹介します。

ページの作成

ページの作成方法は2つあります。**ワークスペースに直接作成する**方法と、**子ページとして作成する**方法です。まずはワークスペースに直接作成してみます。

サイドバーの「プライベート」にマウスポインターを合わせると、右側に [+] マークが表示されるので、これをクリックします。

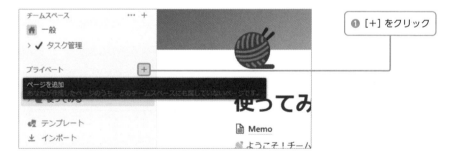

❶ [+] をクリック

「無題」というページが作成されます。まず、ページのタイトルを入力しましょう。次に、作成するページの体裁を選択します。今回は [空のページ] をクリックしてから、見出しブロックやテキストブロックを使って文章を入力していきます。[アイコン付きの空のページ] をクリックすると、ランダムにアイコンが設定された空のページが作成されます。そちらを利用しても問題ありません。

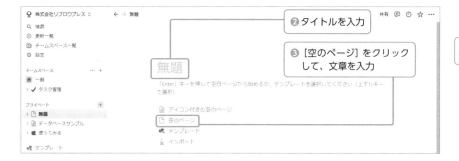

2

子ページの作成

　タイトルや文章を入力したら、今度はこのページの下の階層に**子ページ**（P.46参照）を作成してみましょう。「/page」（「/ページ」「；ページ」でも可）とコマンドを入力して、[Enter]キーを押します。

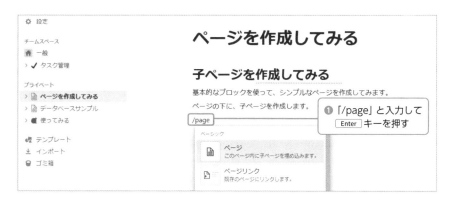

　新規ページの画面が表示されるので、先ほどと同様に、タイトルや文章を入力します。次ページ冒頭の画像のように、サイドバーやトップバーを見ると、新しいページが子ページとして作成されていることがわかります。

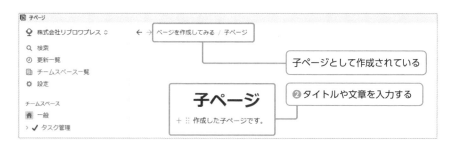

ほかのページへのリンクを作成する

　今度はほかのページへのリンクを作成してみましょう。文字にリンクを設定する方法とページメンションで作成する方法、ページリンクブロックとして作成する方法の3つがあります。

　まず、**文章中の文字にリンク**を設定してみましょう。このリンク方法は、文章中の好きな文字にリンクを作成したいときに使います。まず、リンク先のページ名をクリックすると、リンクが設定されます。親ページ（「ページを作成してみる」ページ）に戻り、文章を入力します。そして、文章中のリンクを設定したい文字を選択すると、メニューが表示されます。[リンク]をクリックすると、リンク候補のページが表示されます。

　候補にない場合は、ページ名を検索欄に入力して検索します。リンク先のページ名をクリックすると、リンクが設定されます。

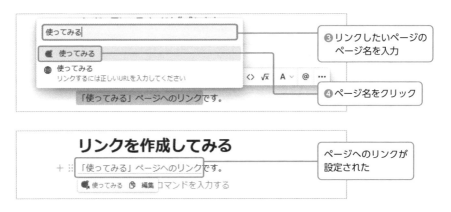

今度は、**ページメンション**としてリンクを挿入してみましょう。メンションとは、特定のページやユーザーを参照する機能のことで、ページにメンションすると、リンクが作成されます。先ほどの文字中に設定したリンクとは異なり、リンク先ページのアイコンとタイトルが表示されます。文章中にページタイトルを表示したい場合に使用すれば、リンクのテキストを変更する手間が不要になります。

先ほどのテキストブロックの下に、新しくテキストブロックを作成して、文章を入力しましょう。ページメンションを挿入したいところまで文章を入力したら、半角スペースと「@」を入力します。

メンション先ページの候補などが表示されるので、その中から選択します。

ページへのリンクが挿入され、続けて文章を入力できます。

プロジェクト管理に必要なデータベースの基本を知ろう

最後に、**ページリンクブロック**としてリンクを挿入してみましょう。ページメンションと見た目はほとんど変わりませんが、ブロックが丸ごとリンクになるため、リンクの前後には文章を入力できません。また、サイドバーにも表示されます。リンクを独立させてサイドバーに表示したい場合はページリンクブロック、文章中に入れたい場合はページメンションを使用しましょう。ページリンクの挿入は、コマンドを利用して「/pagelink」（「/ページリンク」「;ページリンク」でも可）と入力し、[Enter]キーを押します。

　ページ選択のメニューが表示されるので、リンクしたいページを選択するとページリンクブロックが挿入されます。

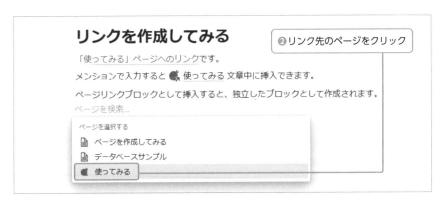

#データベース ／ #プロパティ

メモをデータベースで
管理する

データベースの
基本設定を知る

まずは身の回りの情報を整理するツールを作りながら、Notionのデータベース
機能についてを学んでいきましょう。

情報をデータベース化する

　本書では、フリーランスや小規模な会社でWeb制作などに携わる人たちが使用するプロジェクト管理システムの作成を最終的な目標としています。ここでいうプロジェクト管理システムとは、タスクの現状を把握して案件全体の進捗を効率的に俯瞰し、相互の関係を整理するものです。そうした複雑な情報を整理するシステムを作るには、必要な情報を適切な形でデータベース化する必要があります。

　そこで本章では、いきなりプロジェクト管理システムの制作に取り掛かるのではなく、身の回りの情報をデータベース化してみることで、プロジェクトに関わる情報をデータベースに取り入れるイメージを持っていきましょう。まずその第一歩として、自分の使い方に最適なメモ帳を、データベース機能を使って作成してみましょう。

　まず、新規ページをワークスペースの「プライベート」セクションに追加し、ページのタイトルを「メモデータベース」とします。さらに、ここにデータベースを追加します。ここではまずデータベースの中身を一覧で確認できるテーブルビューで作成してみましょう。テンプレートの [テーブル] をクリックします。

❶ 新規ページを作成し、
ページタイトルを入力

❷ [テーブル] をクリック

フルページのデータベースページが作成されるので、[＋新規データベース] をクリックします。

アイコンを設定する

タイトルを読めばメモのページであることはわかりますが、より視覚的に捉えられるように、アイコンを設定しましょう。ページタイトルの上に表示されている [アイコンを追加] をクリックすると、ランダムにアイコンが設定されます。これを、メモページらしいものに変更します。

メモを分類するためのプロパティを作成する

　一口にメモ帳といっても、メモの種類は多岐にわたります。メモの内容に応じてタグづけをして、分類できるようにしましょう。

　まずは、Notion のデータベースで扱える「プロパティ」について知っておきましょう。Notion のデータベースは「プロパティ」という項目でデータを登録していきます。使用できるプロパティは、次の表の通りです。

Notion のデータベースで使用できるプロパティ

種類	説明	種類	説明
タイトル	データ（レコード）の名前。削除はできません。	URL	Web ページの URL。
テキスト	プレーンなテキスト、文字列。	メール	メールアドレス。
数値	整数や少数など。	電話	電話番号。
セレクト	1 つだけ選択可能なタグ。	関数	Notion 独自の関数とデータ内のプロパティを組み合わせて、独自のプロパティを作成できます。
マルチセレクト	複数選択が可能なタグ。	リレーション	参照したいプロパティがある別のデータベースを指定します。
ステータス	タスクの状況。ToDo、進行中などの状況を表します。	ロールアップ	参照しているデータベースの中から参照するプロパティを指定します。
日付	年、月、日、時刻を登録できます。	作成日時	データが新規作成された日時。
ユーザー	ページを共有しているユーザーやワークスペースのメンバーなどのユーザーを登録できます。	作成者	そのデータを作成したユーザー。
ファイル＆メディア	データや画像などのファイル。	最終更新日時	そのデータを最後に更新した日時。
チェックボックス	ON／OFF の切り替えができるチェックボックス。	最終更新者	そのデータを最後に更新したユーザー。

　今回作成したデータベースには、初期状態で「名前」と「タグ」というプロパティが作成されています。このうち「タグ」という名前のプロパティは、「マルチセレクト」という種類のプロパティで、あらかじめ用意した選択肢の中から複数個を選択できるものです。今回はこのプロパティをメモの分類として利用します。まず「タグ」をクリックします。

プロパティの名前は自由に設定できます。ここでは「分類」という名前に変更します。そのまま続けて、選択肢を追加しましょう。プロパティ名を変更したら、その下の［プロパティを編集］をクリックします。

　右側に［プロパティを編集］というサイドバーが表示されます。［＋オプションを追加］をクリックします。

　入力欄が表示されるので、「分類」プロパティの選択肢を入力していきます。

プロパティを新規追加する

このデータベースには、まだ「名前」と「分類」しかありませんが、たとえばメモを作成した順に並べ替えたいこともあります。そのときのために、「作成日時」というプロパティを追加してみましょう。

データベースのヘッダーの [+] をクリックして、右側に表示されるサイドバーの [作成日時] をクリックします。

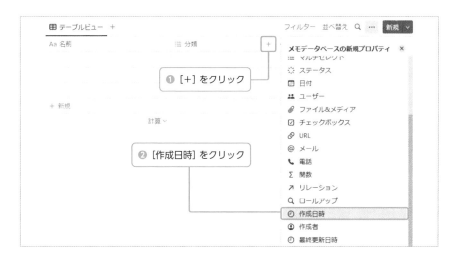

登録されたデータを編集する

初期状態では、自動的に3件の空白のデータが登録されています。ただし、先ほど追加した「作成日時」は、データが登録された時点での日時が自動的に入るため、すでにデータが入った状態になっています。

既存のデータを編集する方法を確認するために、まずはこの3件のデータを編集してみましょう。1行目のデータにマウスポインターを乗せると、「名前」のセルにデータのページを開くための [開く] というボタンが表示されます。これをクリックします。

　ページの右側に、データのページが表示されます。今回はページ左上の [フルページ] をクリックして、全画面で表示しましょう。

データのページが表示されるので、「名前」と「分類」、メモの内容を入力します。また、ページの下部は、通常のページと同じように、ブロックを配置できます。この例では、食材購入のためのメモとして、タイトルに購入期限も入力しました。分類としては、タスクの性格もあるメモなので、「買い物」に加えて「ToDo」も設定します。また、箇条書きリストブロックを使用して、購入する食材のメモを記入しています。

トップバーに表示されている階層リンクから「メモデータベース」ページに戻り、ほかの2件のデータも編集します。

ギャラリービューで表示してみる

　現状のテーブルビューでもどんなデータがあるかはわかりますが、データが増えていくとどんなメモを残していたかわからなくなり、探し出すのが大変になります。そこで、メモの内容をプレビュー表示できる**ギャラリービュー**で表示してみましょう。

　ビューを追加するには、データベース上部の［＋］をクリックします。

　「新規ビュー」というタブが追加され、右側に「新規ビュー」というサイドバーが表示されます。初期状態では［テーブル］が選択されていますが、右下の［ギャラリー］をクリックするとビューが切り替わるので、［完了］をクリックします。

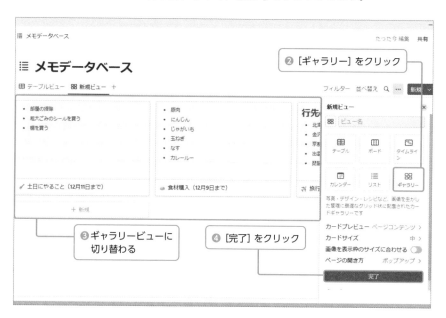

表示するプロパティを設定する

　現状では、「名前」とメモの内容がプレビュー表示されている状態です。「分類」も同時に確認したいので、表示するように設定しましょう。

　データベース上部の [⋯] をクリックすると、右側に「ビューのオプション」サイドバーが表示されます。この中の [プロパティ] をクリックします。

　このデータベースのプロパティのうち、ギャラリービューで表示されるものは「ギャラリーで表示」、表示されないものは「ギャラリーで非表示」に分けられています。目玉のマークをクリックすると、「ギャラリーで表示」に移動し、ギャラリービューで「分類」プロパティが表示されるようになります。

不要になったデータを非表示にする

このままの設定でメモが増えていくと、ビューに追加され続けてしまうため管理が煩雑になってしまいます。ただし、メモとして使い終わったデータでも、あとから見返したいので消したくはありません。そこで、もう1つプロパティを追加して、フィルターで管理することで不要になったメモを非表示にできるようにしましょう。

ビューのタブの [テーブルビュー] をクリックしてテーブルビューに戻り、データベース上部の [＋] をクリックして、「メモデータベースの新規プロパティ」サイドバーを開き、[セレクト] をクリックします。セレクトプロパティは、選択肢の中から一つだけを選択できるようにしたいときに使用します。

ここではメモが使用中かどうかを分類したいので、プロパティの名前を「状態」に変更します。また、タグを追加するために、[＋オプションを追加] をクリックします。

オプションの入力欄が表示されるので、「使用中」「使用済み」の2つのタグを作成します。

データの「状態」を設定します。

ギャラリービューに切り替えて、フィルターを設定します。データベース上部の
［フィルター］をクリックし、フィルターをかけたいプロパティ（ここでは［状態］）を
クリックします。

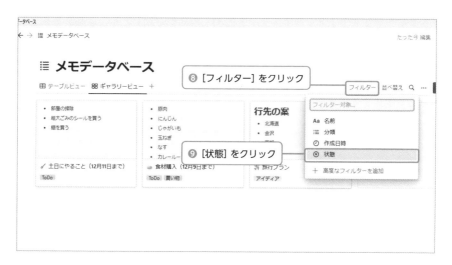

　フィルター条件を設定するダイアログが表示されます。今回は「使用中」のタグが
設定されているデータを表示したいので、［使用中］のタグをクリックして、チェッ
クボックスをオンにします。

ビューの表示を調整する

　現在の設定では、ギャラリービューにデータのページのプレビューが表示されていますが、この表示が不要な場合もあるでしょう。ビューの設定を調整して、自分に必要な情報や表示方法になるようにしてみましょう。

　データベース上部の［…］をクリックすると、右側に「ビューのオプション」サイドバーが表示されます。この中の［レイアウト］をクリックします。

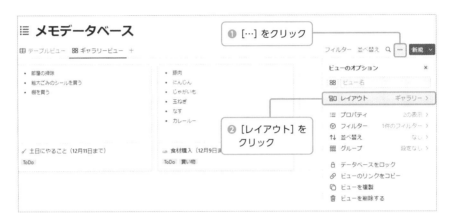

　「カードプレビュー」を「なし」に、「カードサイズ」を「小」に、それぞれ設定します。

　カバー画像に印象的な画像を設定している場合は、カードプレビューを「ページカバー画像」に設定してもよいでしょう。このように、ビューの表示にはいろいろな設定があるので、自分の好みや使いやすいレイアウトや表示に調整してみてください。

データベースの
フォーマットを作る

#データベーステンプレート ／ #効率的なデータ作成

テンプレートを作って
効率的にデータを作成する

データベースにデータを登録する際、決まって入力する内容があれば、テンプレートとして保存しておきましょう。繰り返し入力する手間が省けます。

データのフォーマットをテンプレート機能で作る

単にメモ帳といっても、やるべきことを1つのリストにまとめたい場合など、用途によってはある程度決まった形のフォーマットがあると便利な場合があります。そうした使い方のために、**データベーステンプレート**という機能があります。

テンプレートを作成する

データベース上部の [新規] ボタン右部分の [v] をクリックすると、ドロップダウンリストが表示されます。すでにテンプレートがある場合は、ここにテンプレートがリストされます。今回は新規作成するので [+新規テンプレート] をクリックします。

テンプレート作成ページが表示されるので、必ず設定しておきたいプロパティやページコンテンツ部分を作成します。今回は、チェックリスト付きの ToDo 用のテンプレートを作成しましょう。

ToDo 用のページであることがわかるように、チェックマークのアイコンを設定します。また、「分類」には「ToDo」のタグを、「状態」には「使用中」も設定しておきます。コンテンツ部分には、見出しと ToDo リストブロックを作っておき、データを新規に作成したら、すぐに入力できるようにしておきます。編集が終わったら [←戻る] をクリックします。次の画像では、プロパティやページコンテンツが表示されるように、サイドピークモードで表示しています。編集しやすいモードを選択してください。

80

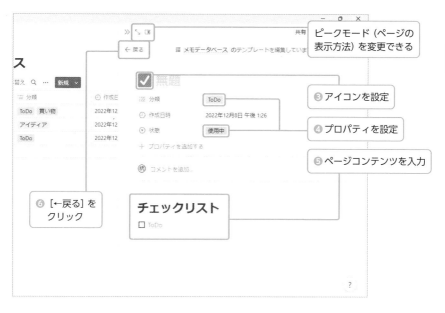

デフォルトのテンプレートに設定する

　自動的にそのテンプレートが適用されるようにするには、そのテンプレートをデフォルトに設定します。こうすることでデータベース作成の効率アップが図れます。

　データベース上部の［新規］ボタン右部分の［v］をクリックすると、ダイアログが表示されます。作成したテンプレートの［…］をクリックして、［デフォルトに設定］をクリックして選択します。

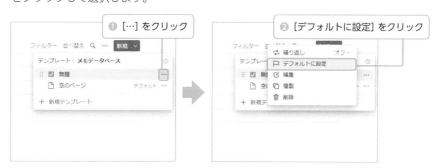

　次ページの画像のように、『新規ページ作成時に「無題」をデフォルトのテンプレートとして使用しますか？』と尋ねられます。今回は、テーブルビューとギャラリービューのどちらから新規登録する場合もこのテンプレートを使用したいので、［「メモデータベース」内のすべてのビュー］をクリックします。

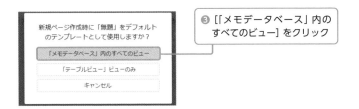

❸ [「メモデータベース」内の
すべてのビュー] をクリック

テンプレートを使用する

テンプレートを利用する方法は簡単です。今回はデフォルトのテンプレートに設定
したので、データベース上部の [新規] をクリックするだけです。

新規作成したデータ

デフォルトに設定しなかった場合、同様に [新規] ボタンからデータを作成すると、
ページコンテンツ部分にテンプレートの候補として表示されます。これをクリックす
ると、作成したテンプレートが適用されます。

❶ 使用したいテンプレートをクリック

section

04

拡張機能を使ってみる

#Notionの拡張機能 ／ #Webクリッパー

拡張機能「Webクリッパー」で情報をデータベース化する

業務中に閲覧したWebページの情報を手元に残しておきたい場合は、Notionの拡張機能「Webクリッパー」を使ってデータベースとして保存できます。

2

プロジェクト管理に必要なデータベースの基本を知ろう

Webページをデータベースで管理する

　データベースを使用するもう1つの例として、**Notion Webクリッパー**を紹介します。これはWebページのURLやページの内容などの情報を、Notionのデータベースに登録するための拡張機能です。情報整理やプロジェクトのために使ったり、ブックマークとして使用したりなど、さまざまな使い道があります。

　Google Chrome、Safari、Firefoxの3つのブラウザに対応していますが、ここではChromeの拡張機能としてインストールする方法を紹介します。

拡張機能をブラウザにインストールする

　拡張機能は、次のURLからインストールできます。アクセスして、対応するブラウザのリンクをクリックします。

・Notion Webクリッパー

https://www.notion.so/ja-jp/web-clipper

[Chromeに追加] をクリックすると、ボタンのテキストが [確認しています…] に変わり、『「Notion Web　Clipper」を追加しますか?』というダイアログが表示されます。[拡張機能を追加] をクリックすると、インストールが完了します。

　ほかのパソコンでもこの拡張機能を有効にしたい場合は、[同期を有効にする…] をクリックしてください。今回は有効にしないので、[閉じる] をクリックします。

　追加した拡張機能がすぐに使えるように、ブラウザに常に表示するように設定しましょう。ブラウザの右上にある [拡張機能] のアイコンをクリックし、ピンのアイコンをクリックして表示をオンにします。

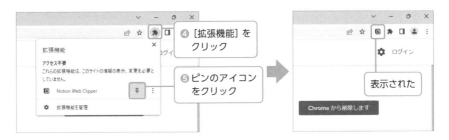

　そのままNotionのアイコンをクリックすると、次ページの画像のようにログインするように促されるので、[ログイン] ボタンからログインしてください。

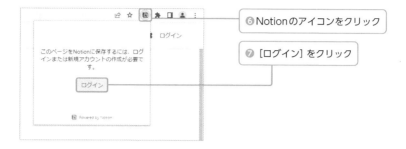

⑥ Notionのアイコンをクリック

⑦ [ログイン] をクリック

ページを保存してみる

実際にページを保存してみます。例として、Yahoo! Japan（https://www.yahoo.co.jp/ ）のページを保存してみます。Yahoo! Japanのページにアクセスしたら、拡張機能のNotionのアイコンをクリックします。タイトルは適宜編集できます。今回はまだデータベースを作っていないので、「追加先」は「新規のリンクデータベースを作成」のまま [ページを保存] をクリックします。

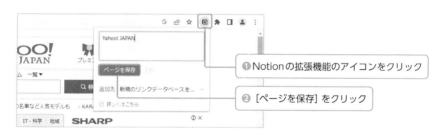

❶ Notionの拡張機能のアイコンをクリック

❷ [ページを保存] をクリック

Notionを開くと、「プライベート」セクションの中に「マイリンク」というページが作成されています。これを開くと、先ほど保存したYahoo! Japanのページが保存されています。データベースのリストビューで表示されているのがわかります。

❸ [マイリンク] をクリック

保存したデータが表示されている

登録したデータをカテゴリごとに分類する

　このようにしてページを登録していくと、データの量が膨大になり、見たいページを見つけ出すのが困難になってきます。そこで、ビューを使ってカテゴリごとに情報を整理してみましょう。

　次のようにデータが登録されているとします。これらのページの内容に応じたカテゴリのタグを用意し、設定していきます。

　リストビューではプロパティが増えて情報量が多くなるとデータの確認がしづらくなるので、テーブルビューを新規追加します。

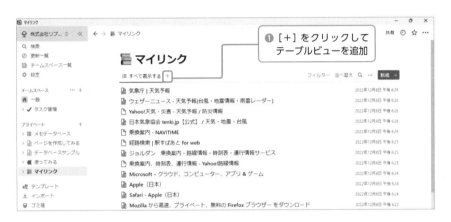

　データベース上部の［…］をクリックし、［プロパティ］→［タグ］をクリックして、「タグ」プロパティの編集画面を開きます。「オプション」の［+］をクリックして、タグを追加していきます。

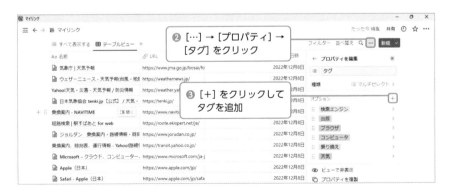

　必要なタグを登録したら、データにタグを設定していきます。

カテゴリに分けてデータを表示する

　登録したデータをカテゴリごとに分けて表示するには、「グループ」を使用します。データベース上部の［＋］をクリックして、ギャラリービューを追加します。データベース上部の［…］をクリックして、ビューのオプション画面を開き、［グループ］をクリックします。

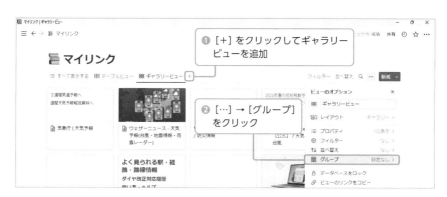

「グループ化」のウィンドウが開くので、［タグ］をクリックします。

　タグのカテゴリごとにデータが分類されて、表示されます。複数のタグが設定されている場合は、いずれのグループにも表示されます。

2

プロジェクト管理に必要なデータベースの基本を知ろう

いずれのグループにも属さない場合は、「タグなし」というグループに表示されますが、これが不要な場合は［空のグループを非表示］をオフにすると、非表示になります。また、このビューに表示する必要がないグループがある場合は、「表示されているグループ」のタグ名の目玉のマークをクリックすると、非表示になります。

フィルターで欲しい情報だけを表示する

　先ほどのようにカテゴリごとに分類しても、カテゴリ自体が増えていくと、データを探し出すのもそれなりの手間になります。表示したい情報が決まっている場合や、ビューの中で分類表示する必要がない場合などは、**フィルター**を使うと便利です。ここでは天気予報のページだけを表示するビューを作ってみましょう。

　新規にギャラリービューを追加して、データベース上部の［フィルター］をクリックします。プロパティのリストが表示されるので、［タグ］を選択します。

　タグのリストが表示されるので、「天気」のチェックをオンにします。

天気予報のページだけが表示されるようになりました。先ほどのグループと組み合わせると、より細かく表示内容を設定できます。いろいろと調整して、自分の使いたい表示にアレンジしてみてください。

ビューの名前やアイコンを変更する

ビューを追加していくと、どんな表示のビューだったかわからなくなってきます。そこで、表示内容がわかるように、名前とアイコンを設定しましょう。

名前を変更したいビューを開き、上部の [⋯] をクリックします。ビューのオプションメニューが表示されるので、アイコンをクリックしてアイコン選択ウィンドウを表示し、ページ内容に合うアイコンを選択します。名前の変更も、アイコン横のテキストボックスから行えます。

プロジェクト管理に必要なデータベースの基本を知ろう

#タスク管理 ／ #リレーション

データベースで
タスク管理してみよう

データベースの連携を
理解する

Notionのデータベースには、タスク管理に便利な機能が備えられています。ここではデータベースの連携についても紹介します。

データベースを用途別に作る

　前節では、データベースの簡単な例として、メモ用のデータベースを作成しました。この例のように、ちょっとした用途なら、1つのデータベースにいろいろなものを登録しても問題は起こりにくいでしょう。しかし、もう少し特化した使い方をしたい場合には、目的や登録するデータに応じて、データベースを分けて作成したほうがよいことが多いです。

なぜ複数のデータベースを用意するのか

　プロジェクト管理という大きなデータを扱う前に、小規模なデータでタスク管理を練習しましょう。その練習として最適なのが、読書管理です。この節では、読書記録を例として、複数のデータベースを参照して使う**リレーション**という機能を利用した使用方法を紹介します。

　まず基本となる「読書記録」という名前のデータベースを用意し、そこに読書の記録を登録していきます。そしてこのデータベースとは別に、「出版社」と「著者」という名前のデータベースも用意しておき、本ごとにそのデータベースからそれぞれのデータをお互いに参照するようにします。

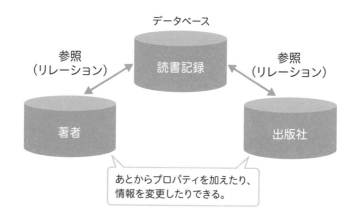

　こうすることにより、本を探し出したいときに、出版社や著者からたどることができます。これと同じことは、出版社や著者などをテキストやセレクトといったプロパティとして登録して、フィルターで表示を変えることでできます。

　しかし、たとえば出版社や著者ごとに自分用のメモを記録したり、そのほかの情報を追加して記録しておきたい場合もあります。そのような変更を加えたい場合のことを考えると、このように別のデータベースとして分離しておいたほうが柔軟に対応できます。また、1つのデータを参照しているだけなので、変更があった場合もデータを1つだけ変更すればすべての参照に反映されます。さらに、読書記録以外の用途でそうしたデータベースを使いたくなった場合に、再利用できるメリットもあります。

データベースを管理するページを作る

　先ほどまでの例では、新規に作成したデータベースに直接ビューを追加してきました。しかし、データベースを利用したビューの作成は、データベースがどのページにあっても参照して作成できます。この表示方法を**リンクドビュー**といいます。

　データベースを作成する場所としては、次の画像のように専用のページ（ここでは「データベース集」）を1つ用意し、そこにフルページのデータベースとして作成するのがお勧めです。データベースだけでまとめておくことで、データベース本体がどこにあるかが明確になり、管理がしやすくなるためです。

リレーションで複数のデータベースと連携する

　今回作成するデータベースのプロパティは次のとおりです。必要に応じて、自分なりのプロパティを追加しても構いません。

「読書記録」データベースのプロパティ

プロパティ名	プロパティの種類	説明
書名	タイトル	本の名前を入力します。
ジャンル	マルチセレクト	本のジャンルを入力します。複合的なジャンルの場合もあるので、マルチセレクトで複数選択できるようにします。オプションで「ソフトウェア」「システム」「オフィス」「パソコン」「プログラミング」を設定してください。
総ページ	数値	本の総ページ数を入力します。
現在のページ	数値	読み進めたページ数を入力します。どこまで読んだのかを記録していきます。
予定期間	日付	本を読む期間の予定を入力します。読み始め・読み終わりの予定の日付をそれぞれ設定します。
実際の期間	日付	読むのにかかった期間を入力します。読み始めた・読み終わった日付をそれぞれ設定します。
状況	セレクト	本を読んでいるかどうかの状況をタグで設定します。オプションで「読み終わった」「読んでいる」「積読」「欲しい」を設定します。「欲しい」を用意することで、買う候補としても登録できるようにします。
出版社	リレーション	出版社の情報を記録する別のデータベースを参照します。
著者	リレーション	著者の情報を記録する別のデータベースを参照します。

「著者」データベースのプロパティ

プロパティ名	プロパティの種類	説明
名前	タイトル	著者の名前を入力します。
読書記録	リレーション	読書記録のデータベースを参照します。
ジャンル	ロールアップ	著者が書いている本のジャンルを表示します。

「出版社」データベースのプロパティ

プロパティ名	プロパティの種類	説明
社名	タイトル	出版社の会社名を入力します。
読書記録	リレーション	読書記録のデータベースを参照します。
ジャンル	ロールアップ	出版社が出している本のジャンルを表示します。

　まずは、以上のプロパティを持ったデータベースを作成してみましょう。ただし、「リレーション」と「ロールアップ」の設定方法は、このあとで詳しく説明します。

リレーションプロパティの設定方法

　次の画像は、「読書記録」データベースのプロパティを、「状況」まで設定した状態です。ここに「出版社」と「著者」のリレーションを追加してみましょう。プロパティの見出しの [+] をクリックします。

　「読書記録の新規プロパティ」が表示されるので、[リレーション] をクリックします。

　リレーションに設定できるデータベースの一覧が表示されるので、[出版社] をクリックします。

「新しいリレーション」というサイドバーが表示されます。「出版社に表示」をオンにして、[リレーションを追加] をクリックします。

これにより、「出版社」データベースのプロパティに「読書記録」データベースとのリレーションが追加されます。実際に「出版社」データベースを開いて確認してみましょう。「読書記録」プロパティが追加され、相互に参照していることがわかります。

「読書記録」プロパティが追加されている

プロジェクト管理に必要なデータベースの基本を知ろう

同様の手順で、「著者」データベースもリレーションプロパティとして追加します。

「出版」と「著者」のプロパティが追加された状態

「著者」データベースに「読書記録」プロパティが追加された状態

データを入力する

　次に、データをデータベースに登録してみましょう。どのデータベースも初期状態で空のデータが3件入っているので、これを編集する形でデータを追加していきます。

　まず、「出版社」と「著者」のデータベースに、次のようにデータを登録します。いずれも、「読書記録」プロパティは空欄のままにしておきます。

著者

⊞ テーブルビュー ＋

Aa 名前	⊟ ジャンル	↗ 読書記録	＋ ···
リブロワークス	IT関連		

＋ 新規

計算 ∨

❶「名前」を「リブロワークス」に、「ジャンル」を「IT関連」に設定

出版社

⊞ テーブルビュー ＋

Aa 社名	⊟ ジャンル	↗ 読書記録	＋ ···
インプレス	IT関連		

＋ 新規

計算 ∨

❷「社名」を「インプレス」に、「ジャンル」を「IT関連」に設定

　今度は「読書記録」データベースにデータを登録していきます。「書名」プロパティのセルにマウスポインターを乗せると［開く］ボタンが表示されます。クリックすると、サイドピークでデータ編集画面が表示されます。プロパティの表示順は、ドラッグ＆ドロップで変更できるので、見やすい順番に変更しましょう。

❸［開く］をクリック

❹プロパティの順番をドラッグ＆ドロップで変更する

書名から順にプロパティを設定していきましょう。「著者」「出版社」プロパティの「未入力」の部分をクリックすると、先ほどデータベースに登録したデータがリストで表示されます。この中から選択すれば、リレーションプロパティの値が設定できます。

「日付」プロパティは、日付や時間、期間（開始から終了）などを登録できます。期間を設定する場合は、次ページ冒頭の画像のように「終了日を含む」をオンにします。

データをひととおり入力して、次のような状態にします。

「ロールアップ」で参照データのプロパティを取得する

　今回の例では、データベース同士がお互いに参照できるようになっているため、「出版社」や「著者」データベースから「読書記録」のデータを参照できます。この機能を使って、著者がどんなジャンルの本を出版しているのかを確認できるようにしてみましょう。

　「著者」データベースのプロパティヘッダーの [＋] をクリックして、プロパティを追加します。「著者の新規プロパティ」ウィンドウが表示されるので、[ロールアップ] をクリックします。

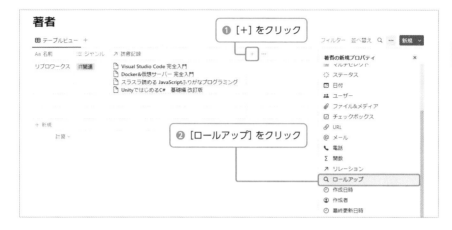

2

プロジェクト管理に必要なデータベースの基本を知ろう

「リレーション」に参照するデータベースを設定します。今回は [読書記録] を選択します。

続いて、[プロパティ] をクリックして、「読書記録」の参照したいプロパティを選択します。ここでは [ジャンル] を選択します。

これにより、「著者」データベースの「ロールアップ」プロパティには、参照した著者が出版した著書のジャンルをすべて拾い上げて表示されるようになります。

ただし、現在の設定では、重複したプロパティもすべてそのまま表示されてしまいます。重複を避けるためには、「計算」プロパティを [一意の値を表示する] に設定します。

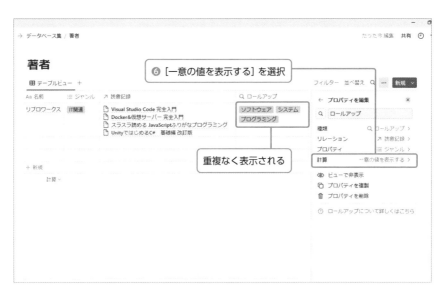

#ボードビュー／#カレンダービュー

データベースのビューを活用して情報管理を効率化する

ビューを使い分けて
情報管理

データベースを作成したら、見たい情報を抽出し、効果的に表示しましょう。ここではボードビューとカレンダービューで情報管理する方法を紹介します。

プロジェクト管理に必要なデータベースの基本を知ろう

ボードビューで状況を管理する

　先ほどまでに作成してきたテーブルビューでも各書籍の読書状況を把握できますが、1行ずつ確認する必要があり、読んでいる途中や読み終わった書籍がどれほどあるのかを、一目で確認するのには向いていません。そこで、進行状況を視覚的に確認しやすくするために、ボードビューを使って表示してみましょう。

ボードビューを作成する

　先ほどまでのようにデータベースのページでビューを直接追加してもよいのですが、今後の拡張性のことも考えて、新たにページを作成して、そこにリンクドビューを作成することにします。「プライベート」セクションに新規ページを追加し、タイトルを「読書管理ページ」とします。そして、「データベース」の [ボード] をクリックします。

❶「プライベート」セクションに新規ページを追加

❷ ページのタイトルを記入

❸ [ボード] をクリック

「データソースを選択する」から［読書記録］を選択します。

「既存のビューをコピー」に［テーブルビュー］が表示されているので、これをクリックします。ボードビューへの変更は、この操作のあとに行います。

ビューの上部の［…］をクリックして「ビューのオプション」を開き、［レイアウト］をクリックします。

「レイアウト」が表示されるので、［ボード］を選択してボードビューに変更します。さらに、次ページの画像のように、「データベース名を表示」をオフに、「カードサイズ」を「小」に、「列の背景色」をオンに変更します。

「グループ」の設定は、「状況」プロパティを設定していない本は非表示にしたいので、「状況なし」の目玉のマークをクリックして、非表示に変更します。

このままプロパティ編集のウィンドウを閉じると、状況ごとにデータが表示されているのが確認できます。ただし、左から「積読」「読み終わった」「読んでいる」「欲しい」と並んでおり、状況の変化の順番とは異なります。この順番は、ドラッグ＆ドロップで変更できます。同様の手順で、グループの順番を全体的に整理しましょう。

ビューをロックする

　この順番をうっかり変えてしまうことがないように、ロックしましょう。ビューの上部の［…］をクリックして「ビューのオプション」を開き、［ビューをロック］をクリックします。これにより、ドラッグ＆ドロップでグループの順番を変えることができなくなります。なお、再度順番を編集したい場合は、［ビューのロックを解除］をクリックします。

状況を変更する

　ボードビューでは、データがカードとして表示されます。そして、このカードはドラッグ＆ドロップで移動できます。読んでいる本が読み終わったとして、移動させてみましょう。移動後は、そのカードをクリックして編集ページを開き、「実際の期間」プロパティを編集します。

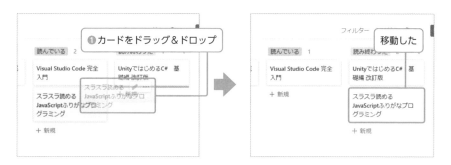

カレンダービューで計画の見通しを立てる

　このような日程管理の場合、カレンダーで表示したほうが分量感を考えながらペースを考えたり、先の見通しを立てたりしやすいと考える人が多いでしょう。そんなときは、**カレンダービュー**を利用するようにしましょう。

カレンダービューを作成する

　次ページの画像のように、「プライベート」セクションに「読書カレンダー」というタイトルで新規ページを作成し、P.103の手順⑧まで同じ手順でビューを作成します。ただし、[ボード]の代わりに[カレンダー]を選択します。設定は、「データベース名を表示」をオフに、「ページの開き方」を[サイドピーク]に変更します。

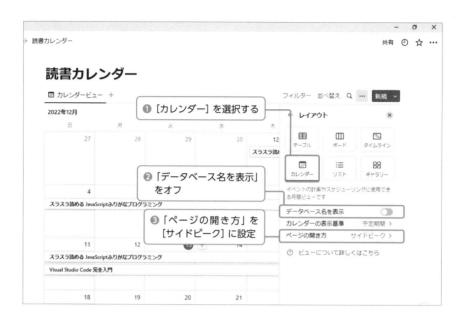

プロパティをビューに表示する

　このままでもおおよその状況はわかりますが、それぞれがどのような状況なのかは、データのページを開かないとわかりません。そこで、「状況」プロパティをビューに表示するように設定しましょう。

　ビュー上部の [⋯] をクリックして「ビューのオプション」を開き、[プロパティ] をクリックします。初期状態ではすべて非表示になっていますが、「状況」と「現在のページ」の目玉のマークをクリックして、表示するようにします。

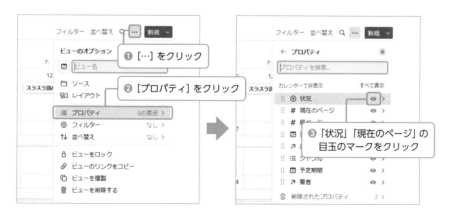

表示するデータをフィルターする

予定の管理として必要な情報は、「積読」または「読んでいる」のどちらかの状況のみです。フィルターを使ってこの2つのみが表示されるように変更しましょう。

ビュー上部の［フィルター］をクリックして［状況］をクリックし、「積読」「読んでいる」の2つにチェックを入れます。

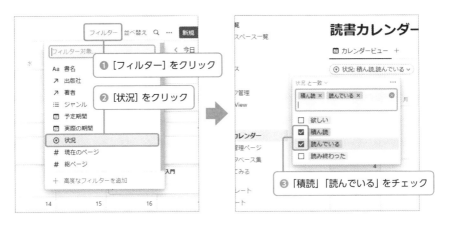

❶［フィルター］をクリック

❷［状況］をクリック

❸「積読」「読んでいる」をチェック

カレンダー上で予定を変更する

こうして表示した予定を眺めていると、予定を変更したくなることがあります。カレンダービューでは、ビューに表示されているデータの端をドラッグ＆ドロップして、期間を変更できます。

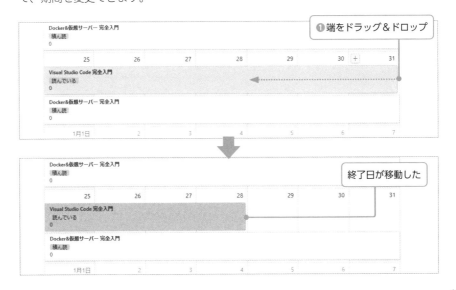

❶端をドラッグ＆ドロップ

終了日が移動した

プロジェクト管理に必要なデータベースの基本を知ろう

2

section 07

Notionのテンプレートを利用してみる

便利なテンプレートを
利用してみる

Notionの使い方のアイディアに困ったら、Notionが用意しているテンプレートを参考にしてみましょう。さまざまな利用方法を知ることができます。

Notionの便利なテンプレートを入手する

　ここまでデータベースのリレーションを利用したツールを作成してきました。Notionではこのように、工夫次第でさまざまなツールを作ることができます。ほかにどんな使い方があるか気になったら、Notionが用意しているテンプレートを見てみることをお勧めします。

　テンプレートは、左のサイドバーにある［テンプレート］をクリックすると表示されます。

❶［テンプレート］をクリック

　左のリストには、さまざまなツールの例が表示されており、クリックするとどのようなページなのか、プレビューで確認できます。

　もし気になったテンプレートがあったら、［テンプレートを入手］をクリックします。ワークスペースのどのセクションに作成するかを選択すると、その場所にテンプレートが作成されます。

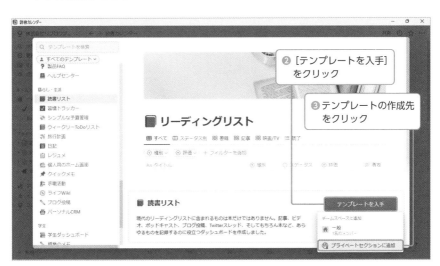

2

プロジェクト管理に必要なデータベースの基本を知ろう

この例では、「リーディングリスト」のテンプレートを使ってページを作成しています。先ほどまで作ってきた読書管理と似たようなコンセプトですが、作り方は異なります。

このほかにも、「エンジニアリングWiki」「ブレインストーミング」といった、業務に必要なマニュアルや思考の整理などを行うためのテンプレートも用意されています。プロジェクト管理においては、単にプロジェクトやその内部のタスクなどの管理を行うだけでなく、関連する情報を集約することも必要です。そうすることで、仕事はもっと効率化するでしょう。

また、「プロジェクト、タスク、スプリント」テンプレートはプロジェクト管理で使用できるものです。本書で作成するプロジェクト管理システムはウォーターフォール型の開発手法を意識したものですが、近年取り入れられているスプリント開発という手法では、このテンプレートが利用できるでしょう。そのままでは自社の開発手法にそぐわない場合でも、本書で学ぶ知識を応用して、実際の使用方法に合わせてカスタマイズしてもよいでしょう。

このように、いろいろなテンプレートが用意されているので、どういったものをデータベース化できるのかというアイディアの参考にしたり、データベースの構造を調べてプロパティの使い方の工夫を勉強したりしてみてください。新たな発見があり、とても役立つことでしょう。

CHAPTER
3

業務上の情報を
集約しよう

#データベース ／ #ビュー

Notionで情報を
データベース化する

社内の業務で使えるデータベースやツールを作りながら、Notionのデータベースについてより詳しく見ていきましょう。

Notionのデータベースの利点

　ここまでで、ちょっとしたページやデータベースなどを作りながら、Notionの基本的な使い方を紹介してきました。このままプロジェクト管理ツールを作る前に、業務で使える情報共有ツールを作りながら、さらに理解を深めていきましょう。なお、CHAPTER 3で作成するツールやデータベースの一部は、CHAPTER 4以降で作成するプロジェクト管理ツールでも使用します。

　ここでもう一度、Notionでデータベースを使う利点についておさらいしましょう。

ビューによる多様な表示

　Notionのデータベース機能の特長の1つは、多様なビューの機能です。データベースの目的はデータを蓄積していくことですが、そこから表示したい情報だけを抜き出したり整理したりすることで真価を発揮します。それを効率的に実現するのがNotionのビュー機能です。

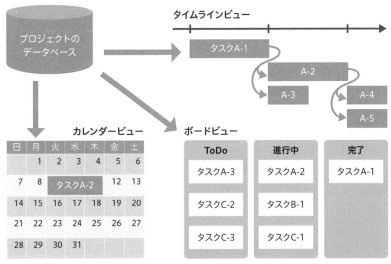

データベースに登録されたプロジェクトやタスクの情報を、目的に合わせた表示方法で確認できる。

　CHAPTER 2までにいくつかのビューを使って、データベースの情報をさまざまな形で表示する方法を紹介してきましたが、改めてどんなビューがあるのか整理しましょう。ビューは次の表のとおり、全部で6種類あります。

データベースのビューの種類

ビューの名称	説明
テーブルビュー	最も基本的なデータベース形式のビュー（表示）。1行で1データ、1列に1プロパティが対応しています。
ボードビュー	カンバン方式のタスク管理に使用するビュー（表示）。セレクトプロパティやステータスプロパティなど、状況やカテゴリといったデータの状態によって整理するのに向いています。
タイムラインビュー	ガントチャートを作成するのに使用するビュー。タスクの進行管理に向いています。
カレンダービュー	カレンダー上にタスクなどのスケジュールを表示するビュー。1週間や1か月といったある程度のまとまりの中で、タスク同士の進捗や関係を把握するのに向いています。
リストビュー	データを1行に表示し、必要なプロパティを右端に並べるだけのシンプルなビュー。データをスッキリと表示したい場合に使用します。
ギャラリービュー	データの1つひとつをカードのように表示するビュー。データページに設定されたカバー画像やページのプレビューなどを表示できるため、情報を視覚的に見せたいデータや、ページのデザインなどを重視して表示したい場合などに適しています。

　このようにビューが豊富に用意されているため、目的に合わせた表現方法で確認することが可能になっています。

データの絞り込みや並べ替えが容易にできる

　データベースの利点は、前述のとおり蓄積していったデータの中から必要なものを取り出し加工して、見やすく整理できるという点です。Notionのデータベースには、どのビューにもフィルター（絞り込み）と並べ替えの機能が備えられており、情報が整理しやすくなっています（P.88参照）。

データベース同士で参照できる

　複数のデータベースに同じデータが登録されている場合は、お互いのデータを紐づけて参照できます。このように関連づいたデータベースのことをリレーショナルデータベース（RDB）といいます。RDBでは、紐づいたデータはそれぞれ参照し合っているので、片方を変更するともう片方も自動的に更新されるという特徴があります。Notionのデータベースにはリレーションという機能が搭載されており、RDBと同じような使い方が可能です（P.90参照）。

データベースの弱点

　一方で、データベースで情報を管理することの弱点もあります。

　先述のように、リレーションで複数のデータベースが参照し合うような構造の場合、関係するデータベースが増えていくと、データベース同士の関係性が一見してわかりづらくなってしまうことがあります。

　システムを新しく作っているうちは覚えていたり理解できていたりしていても、しばらく使っていると作者本人も忘れてしまう可能性は低くありません。後々のメンテナンスや改造、チームメンバーによるシステムの理解という観点から考えて、システムで使用するデータベースの関係図などを別途作成しておくとよいでしょう。

　下の図は、本書で作成するプロジェクト管理システムの全体の構成図です。多数のデータベースを互いに関連づけて、1つのシステムとなるため、このような図を作成しておくと、全体を把握するのに便利です。

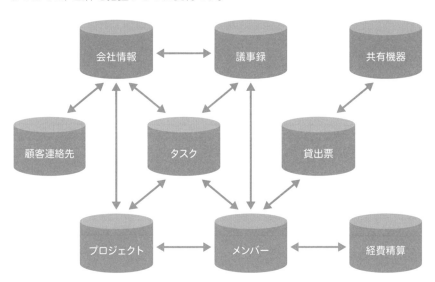

section
02

チームメンバーの
情報をまとめる

#メンバー情報 ／ #応用を考える

チームメンバーの
データベースを作る

メンバーの情報をデータベースでまとめておくと、業務上の情報整理に役立つだけでなく、お互いのことを知る機会になります。

3

業務上の情報を集約しよう

メンバーデータベースを作る利点

　プロジェクト管理においてメンバーの情報をまとめたデータベースを作ることには、次のような利点があります。

①メールアドレスや電話番号などの情報や、各自が担当しているタスクなど、メンバーごとに関連する情報を素早く調べられる
②趣味などの業務に関係ない情報をページに記載しておけば、人となりを知るのによい機会となり、コミュニケーションの円滑化を図れる
③Notionのビューなどで、アイコンを使って情報をスッキリと表示できる
④チームスペース（P.25参照）ごとに作成すれば、Notion上での表示を柔軟に変更できる

　①はデータベースの特徴を活かした利点で、目的のデータへのアクセスが素早く行えるようになるということです。
　また、②は、Notionのデータベースに登録されたデータが、ページとして扱えるという特徴を活かした利点です。単にメンバーのデータベースであるというだけでなく、そこに付加的な情報を載せることで得られる副産物ともいえるでしょう。
　③については実際の画面で見てみましょう。Notionのデータベースには、ユーザーというプロパティが存在し、Notionを利用しているユーザーを値として設定できます。たとえばタイムラインビューでは、ユーザープロパティを表示することで、そのタスクを担当しているユーザーのアイコン画像が表示されるようになります。

ユーザーのアイコンが
表示される

その一方で、ボードビューやカレンダービューでは、同じようにユーザープロパティを表示する設定にすると、アイコンだけではなく、名前まで表示されてしまいます。そのため、担当者の数が増えてくると、多数の名前が羅列されることになり、見づらくなってしまいます。しかし、「メンバー」データベースを作成することで、アイコン用のプロパティを独自に用意できるようになります（P.120参照）。これにより、次のようにスッキリとアイコンだけを表示できるようになります。

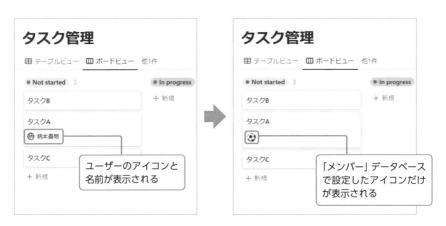

④は、データベースにプロパティを追加していくことで、表示を柔軟に設定できるということです。たとえば表示名をメンバーの氏名や役職名で切り替えたり、アイコン表示に切り替えたりするのもデータベースを使えば可能です。

システム内でのメンバーデータベースの位置づけ

プロジェクト管理に関連する情報の多くは、タスクの担当者やプロジェクトで使用する備品の使用者、経費の精算が必要な者など、「誰が」という情報が必要になることがほとんどです。チーム内のこうした情報を、メンバーデータベースとしてまとめます。

次の図は、これから作成するメンバーデータベースの、システム全体の中における位置づけを示しています。上述のとおり、リレーション機能を使って多くのデータベースと関連づけられており、重要な役割を担っています。

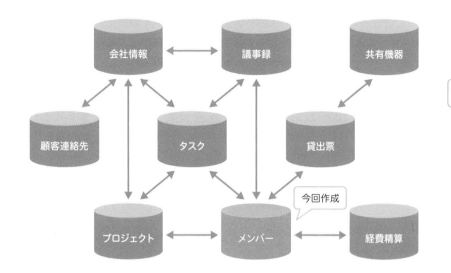

メンバーデータベースを作ってみる

　それでは実際にメンバーデータベースを作ってみましょう。今回はチームで使うことを想定して、チームスペースに作成します。

チームスペースを利用する準備をする

　Notionに新しく登録したばかりの状態では、チームスペースには初期状態で「一般」セクションが作成されていて、そこには「プロジェクト」や「Wiki」といったテンプレートのページが作成されています。本書では、自分の環境に合ったページを作成していくため今後使用しないので、削除しましょう。

もし、これらのテンプレートページをあとで使用したい場合は、「プライベート」セクションに「退避用」というタイトルのページを作成し、これらのテンプレートページをドラッグ＆ドロップしてそこに移動してください。

チームスペースにセクションを追加する

　Notionを以前から使用している方の中には、チームスペースにすでに「一般」セクションやそれ以外のセクションが存在している人もいるでしょう。そのような場合は、今回新しくプロジェクト管理システムを作成するためのセクションを追加してみましょう。

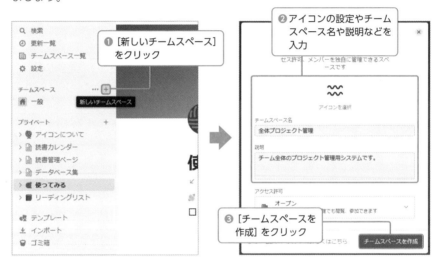

　チームスペースに招待したいメンバーがいる場合は、メールアドレスを入力して招待します。いない場合は、［今はスキップ］をクリックしてください。

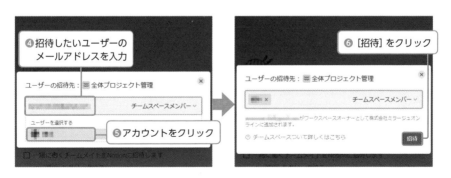

　なお、これ以降の説明では、「一般」セクションにシステムを作成していきます。ここで新たに作成したセクションを利用する場合は、「一般」セクションを読み替えて進めてください。

データベース用のページを作成する

　データベースは、チームスペースの「一般」セクションに直接配置するのではなく、まずデータベース用のページを作成して、そこに追加していく形で作成します。このあと作成するデータベースもここに追加していきます。

　ページの入力画面で「/database」とコマンドを入力し、［データベース：フルページ］を選択します。

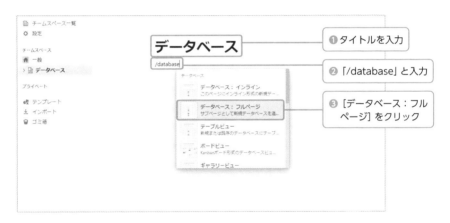

　フルページのデータベースが作成されるので、タイトルを「メンバー」とします。

プロパティを設定する

プロパティは次の表のように設定します（P.69参照）。

メンバーデータベースのプロパティ

プロパティ名	プロパティの種類	説明
アイコン画像	ファイル＆メディア	表示用のアイコン画像を設定します。
表示名	タイトル	表示用の名前を入力します。
氏名	テキスト	本名を入力します。
グループ	マルチセレクト	グループのタグを設定します。
役職	テキスト	会社内やグループ内の役職を入力します。
メール	メール	社内のメールアドレスを入力します。
電話	電話	社内で使用する電話番号を入力します。
アカウント	ユーザー	Notionのユーザーアカウントを設定します。

データを入力する

今回は架空のWeb制作会社の社員を入力していきます。

まずアイコン画像を設定します。設定したいアイコン画像プロパティのセルをクリックして、［ファイルを選択］をクリックします。

❶ ［ファイルを選択］を
クリック

ファイルを選択するダイアログが表示されるので、設定したい画像を選択して［開く］をクリックします。

❷設定したい画像を選択

❸［開く］をクリック

設定された

全体のデータを入力したら、ページのアイコンも社員アイコンと同じ画像を設定しておきましょう（P.44参照）。

❹ページのアイコンを、「アイコン画像」と同じ画像に設定

出来上がりの状態は、次のようになります。なお、このあとの設定や表示の確認のために、自分自身が「清水」さんであると仮定して、アカウントに自分のNotionアカウント（ここでは柄本さん）を設定しています。実際にプロジェクト管理ツールなどを運用する際には、それぞれのチームメンバーのNotionアカウントを「アカウント」プロパティに設定してください。

→ 🏠 一般 / データベース / メンバー　　　　　　　　　　　　　　　　　　　　7分前 編集

メンバー

⊞ テーブルビュー ＋　　　　　　　　　　　　　　　　　　　　　フィルター

❺ 「清水」さんのアカウントに自分を指定

🖉 アイコ…	Aa 表示名	☰ 氏名	☰ グループ	☰ 役職	@ メール	☎ 電話	👥 アカウント
🖼	🖼 佐々木	佐々木智弘		社長	sasaki@mirage-online.xx.zz	090-xxxx-xxxx	
🖼	🖼 加藤	加藤雄一	システムGr フロントGr	役員	katoh@mirage-online.xx.zz	090-xxxx-xxxx	
🖼	🖼 安田	安田俊樹	システムGr	Eリーダー	yasuda@mirage-online.xx.zz	090-xxxx-xxxx	
⚽	⚽ 清水	清水和宏	フロントGr	マークアップE	shimizu@mirage-online.xx.zz	090-xxxx-xxxx	柄 柄本貴明
🖼	🖼 山田	山田玲子	システムGr	システムE	@mirage-online.xx.zz	090-xxxx-xxxx	
🖼	🖼 大野	大野未来	フロントGr	マークアップE	@mirage-online.xx.zz	090-xxxx-xxxx	
🖼	🖼 田中	田中美沙	システムGr	システムE	@mirage-online.xx.zz	090-xxxx-xxxx	
🖼	🖼 杉山	杉山栞	デザインGr	Dリーダー	@mirage-online.xx.zz	090-xxxx-xxxx	
🖼	🖼 小林	小林真也	デザインGr	Web D	@mirage-online.xx.zz	090-xxxx-xxxx	

＋ 新規

計算 ∨

閲覧・操作用ページを作る

　登録したデータは、表形式の「テーブルビュー」で見るよりも「ギャラリービュー」で表示させたほうが、視覚的にスッキリとします。ビューはデータベースに直接作ることもできますが、データベースと閲覧・操作用のページは別に作ったほうがデータベース本体の場所がわかりやすくなり、メンテナンス性が向上します。そこで、チームスペースの「一般」セクションの下に、閲覧・操作用のページを作成することにします。このあとの節で作成していくデータベースも同様に、データベース用のページと閲覧・操作用のページを別々に作成します。

フルページ（データベースをページ全体に表示する）のビューを作成する
　次のように、「一般」セクションに、［＋］をクリックしてページを追加します。

❶ [＋] をクリック

追加されたページのタイトルを「メンバー一覧」とし、次の画像のように [ギャラリー] をクリックします。

❷ [ギャラリー] をクリック

ビューに表示するデータソースを選択する

　ビューが追加され、右側に「データソースを選択する」というサイドバーが表示されます。ワークスペース内のデータベースがリストされているので、先ほど作成した [メンバー] データベースをクリックして選択します。

❸ [メンバー] をクリック

ビューの設定をする

　次ページの画像のように、「既存のビューをコピー」というリストが表示されるので、一番下の [新規の空のビュー] をクリックします。

　「新規ビュー」の中から [ギャラリー] を選択します。その下のオプションで、このビューで表示するカードの大きさや、カードに表示する内容を設定します。今回は、メンバー自身の印象がアイコンと結びつくように、メンバーのアイコンをカードに表示しましょう。カードサイズは大きくなくても十分にアイコンを視認できるので、「小」に設定します。すべて設定したら、[完了] をクリックします。

　今回は、メンバーがどのグループに所属しているかがわかるようにしたいので、カードにグループ名を表示するようにします。ビューのオプションからプロパティを開いて、「グループ」の右にある目玉のマークをクリックします。

　次の画面は、設定が完了した状態です。メンバーの名前とアイコンがカードとして表示され、それぞれがどのグループに所属しているかがわかるようになりました。

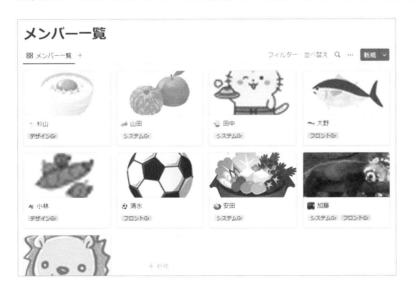

#顧客情報 ／ #リレーション

プロジェクトの顧客情報データベースを作る

案件の顧客情報と
連絡担当者を紐づける

プロジェクトを進めるうえで、クライアント（顧客）の情報を参照する機会は多くあります。会社や担当者の情報をデータベースにまとめておきましょう。

顧客情報データベースの構成

　プロジェクトを進めるうえで、クライアント（顧客）の情報は欠かせません。クライアントの中には共同で作業をする人や連絡を主に担当する人など、さまざまな役割を持った人がいます。そうした業務上の関係者の情報をデータベースとして1箇所にまとめておけば、Notionから素早くアクセスできるようになります。

　今回作る顧客情報データベースは、次のように「会社情報」データベースと「顧客連絡先」データベースの2つです。この2つは互いに参照し合って紐づく形にします。また、このあと作成する「議事録」データベースやプロジェクト管理関連のデータベースから参照することも想定します。

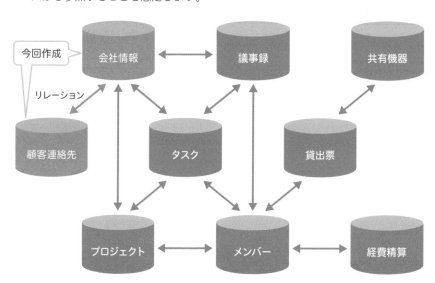

会社情報データベースを作成する

　まずは、会社情報を登録するためのデータベースを作成しましょう。「メンバー」データベースを作成したときと同様に「データベース」ページの下に「会社情報」というタイトルでフルページのデータベースを作成します。データベースのプロパティは次のように設定してください（P.69 参照）。

「会社情報」データベースのプロパティ

プロパティ名	プロパティの種類	説明
社名	タイトル	会社の名称を入力します。
住所	テキスト	会社の住所を入力します。
会社 Web	URL	会社 Web ページの URL を入力します。

会社情報を入力する

　会社情報は次のように入力します。これは、このあとの節や章でも使用します。

　また、データベース内のデータは、似たようなページが連続しがちなため、いまどの会社のページを見ているのか把握するにはプロパティを読む必要があります。そうした手間を減らすためにも、各会社のイメージとなる画像を、カバー画像として設定しておきましょう（P.44 参照）。

連絡先情報データベースを作成する

　次に、各会社の担当者など、必要な連絡先情報を登録するためのデータベースを作成しましょう。「会社情報」データベースと同様に、「データベース」ページの下に、「連絡先情報」というタイトルでフルページのデータベースを作成してください。設定するプロパティは次のようにします。

「連絡先情報」データベースのプロパティ

プロパティ名	プロパティの種類	説明
氏名	タイトル	担当者の氏名を入力します。
氏名よみがな	テキスト	氏名のよみがなをひらがなで入力します。
会社	リレーション	「会社情報」データベースを参照します。プロパティを設定する際に、「制限」を「1ページ」に、「会社情報に表示」をオンにします。
役職	テキスト	担当者の会社での役職を入力します。
電話番号	電話	担当者の電話番号を入力します。
メール	メール	担当者のメールアドレスを入力します。
Slack ID	テキスト	Slack IDがある場合は入力します。

　こちらもデータを次ページ冒頭の画像のように入力します。アイコンも適宜設定しています。

連絡先情報

Aa 氏名	≡ 氏名よみがな	↗ 会社	≡ 役職	📞 電話番号	@ メール	≡ Slack ID
👤 飯田学	いいだまなぶ	📄 レインボードリンク	営業部長	090-xxxx-xxxx	iidaM@rainbow-drink.xx.xx	iida-rainbow
👤 稲田悟	いなださとる	📄 葦原パン	営業	090-xxxx-xxxx	SInada@ashi-pan.xx.xx	
👤 大井まさみ	おおいまさみ	📄 ヘルシーヤマト	営業	090-xxxx-xxxx	ooimasami@yamato-healthy.xx.xx	
👤 小松永義	こまつながよし	📄 八雲食品	総務課長	090-xxxx-xxxx	Komatsu@yakumo-foods.xx.xx	Komatsu-yak
👤 齋藤浩史	さいとうひろし	📄 秀友システムズ	システム開発部長	090-xxxx-xxxx	HiroshiS@shuyu-sys.xx.xx	
👤 澤田幸喜	さわだこうき	📄 大日デパート	広報課長	090-xxxx-xxxx	KSawada@dainippon-dep.xx.xx	
👤 清水邦恵	しみずくにえ	📄 茨城中央バス	総務部長	090-xxxx-xxxx	shimizuK@ibachu-bus.xx.xx	
👤 鈴木衛	すずきまもる	📄 タナカストラテジー	営業	090-xxxx-xxxx	MSuzuki@tanaka-stragegy.xx.xx	MSuzuki-TanaStra
👤 高田恵美	たかだめぐみ	📄 駒込家具	営業	090-xxxx-xxxx	megumiT@koma-kagu.xx.xx	MegumiT-koma
👤 田中聡	たなかさとし	📄 タナカストラテジー	社長	090-xxxx-xxxx	tanaka@tanaka-strateg.xx.xx	Tanaka-stra
👤 志村武志	しむらたけし	📄 大山宅建不動産	社長		TShimu@ohyama-house.xx.xx	

会社情報データベースからも参照されているかを確かめる

　「連絡先」データベースで「会社情報」データベースへのリレーションを設定した際に、「会社情報に表示」をオンにしました。これにより、「会社情報」データベースから「連絡先情報」データベースへのリレーションが作成されているはずです。それを確認してみましょう。

会社情報

Aa 社名	≡ 住所	⊘ 会社Web	↗ 連絡先情報
レインボードリンク	東京都港区芝〇〇	https://www.rainbow-drink.xx.xx/	👤 飯田学
ヘルシーヤマト	神奈川県大和市上草柳〇〇丁目	https://www.yamato-healthy.xx.xx	👤 大井まさみ
大日デパート	大阪府大阪市天神〇〇丁目	https://www.dainippon-dep.xx.xx	👤 澤田幸喜
秀友システムズ	千葉県船橋市〇〇	https://www.shuyu-sys.xx.xx	👤 齋藤浩史
八雲食品	福岡県北九州市	https://www.yakumo-foods.xx.xx	👤 小松永義
葦原パン	奈良県橿原市〇〇	https://www.ashi-pan.xx.xx	👤 稲田悟

追加されている

閲覧用のページを作成する

　データベースを直接開いて閲覧してもよいのですが、連絡先を探す際にすべての情報が画面に表示されている必要はありません。もう少し視覚的にシンプルに表示するようにしてみましょう。

ギャラリービューで表示する

　「チームスペース」の「一般」セクションにページを新規作成し、タイトルを「顧客
情報」とします。そして、メンバー一覧ページを作成したときと同じ手順で、「会社
情報」をデータソースとするフルページのギャラリービューを挿入します。ここでは、
「カードプレビュー」を「ページカバー画像」に設定しています。

　各会社に紐づけられている連絡先情報は、このビューの会社のカードをクリックす
ると、次のように「連絡先情報」に表示されています。これをクリックすれば、欲し
い情報にアクセスできます。

#議事録データベース ／ #閲覧者に合わせたフィルター

案件のミーティング議事録データベースを作る

プロジェクトの議事録の
作成・集約・閲覧を効率化

案件ごとの議事録を、一箇所にまとめておくことで、自分が参加した会議の議事録を探し出したり、プロジェクトごとの分類ができたりするようになります。

3

業務上の情報を集約しよう

議事録データベース

　プロジェクトを進行する中で、ミーティングなどの議事録を作成しても、きちんと管理をしておかないと、どこに保存したかわからなくなり目的の議事録を探し出すのも一苦労です。また、場合によってはプロジェクト内のタスクに紐づけておきたいこともあります。議事録のような文書でも、データベースのデータとして一箇所にまとめておけば、柔軟に対応できます。

　今回作成するデータベースは、これまで作成した「会社情報」データベースと「メンバー」データベース、次の章で作成する「プロジェクト管理」データベースと、次のような関係になります。

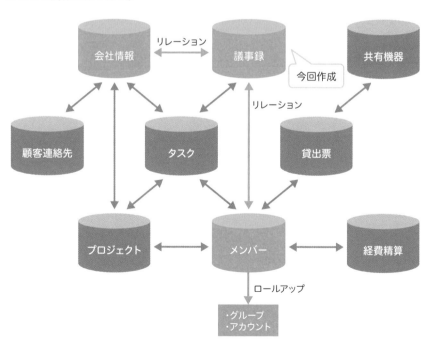

データベースを作成する

　まず、「データベース」ページの下に、「議事録」というタイトルでフルページのデータベースを作成します。このデータベースのプロパティを、次のように設定します。

「議事録」データベースのプロパティ

プロパティ名	プロパティの種類	説明
議事録名	タイトル	作成する議事録のタイトルを入力します。
作成日時	作成日時	データを新規に作成した日時が自動で入力されます。変更はできません。
会社情報	リレーション	「会社情報」データベースへのリレーション。プロジェクトのクライアントの会社を設定します。また、プロパティの「制限」を「1ページ」に設定しておきます。
参加者	リレーション	「メンバー」データベースへのリレーション。会議への参加者を設定します。
グループ	ロールアップ	関係する社内のグループを表示します。プロパティの編集で、「リレーション」を「参加者」に、「プロパティ」を「グループ」に、「計算」を「一意の値を表示する」に設定します。
最終更新日時	最終更新日時	議事録が最後に更新された日時で、自動で更新されます。
最終更新者	最終更新者	議事録を最後に編集した人のアカウントで、自動更新されます。
作成者	作成者	議事録を作成した人のアカウントが自動で設定されます。変更はできません。
参加者アカウント	ロールアップ	「参加者」に設定された人のアカウント。閲覧者に合わせた表示を設定する際に使用します。プロパティの編集で、「リレーション」を「参加者」に、「プロパティ」を「アカウント」に設定します。

テンプレートを作成する

新規テンプレートを追加する

　議事録は、書くべき内容が決まっている場合が多い書類です。P.80で紹介したテンプレート機能を使って、決まったフォーマットをあらかじめ登録しておくことにしましょう。

　テンプレートを作成するには、データベース上部の［新規］の右にある［v］マークをクリックし、［＋新規テンプレート］をクリックします。

① [v] マークを
クリック

② [＋新規テンプレート]
をクリック

3

プロパティの表示・非表示を設定する

テンプレートの編集画面が表示されます。タイトルは「議事録テンプレート」とします。先ほど設定したデータベースのプロパティがすべて表示されていますが、入力や閲覧に際して必要のないものは、非表示にしましょう。プロパティにマウスポインターを乗せると左側に表示される［ :: ］をクリックして、［プロパティを非表示］→［常に非表示にする］をクリックします。

③ [::] をクリック

④ ［プロパティを非表示］
→［常に非表示にする］
をクリック

ここでは、議事録をあとから閲覧する際に確認したい情報として、「作成日」「会社情報」「参加者」「グループ」の4つを残しました。

また、ページ部分は、議事録のテンプレートとして必ず入力することにしている項目「目的・議題」「議事内容」「決定事項」「参考資料」などの見出しを作成しましょう。

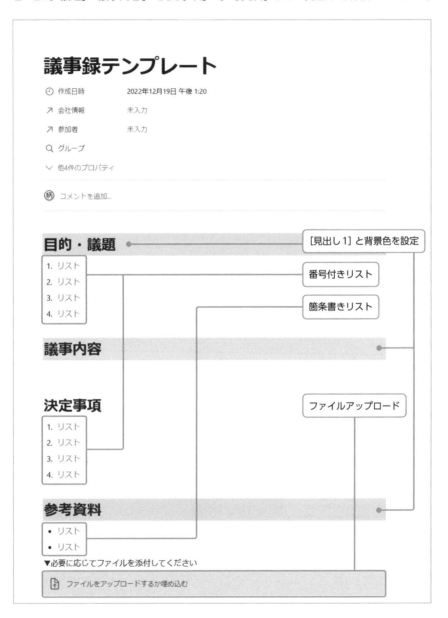

テンプレートを編集し終わったら、編集画面左上の［←戻る］をクリックして戻ります。

テンプレートをデフォルトに設定する

　データを新規に登録する際に、自動的にそのテンプレートが適用されるように、テンプレートをデフォルトに設定し、データ登録の効率アップを図りましょう。データベース上部の［新規］の右の［v］マークをクリックして、「議事録テンプレート」右の［…］をクリックします。リストが表示されるので、［デフォルトに設定］をクリックします。

　『新規ページ作成時に「議事録テンプレート」をデフォルトのテンプレートとして使用しますか？』と尋ねられるので、［「議事録」内のすべてのビュー］をクリックしてください。これにより、データを新規追加すると、今回作成したテンプレートが適用されるようになります。

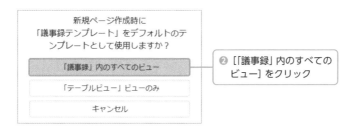

サンプル用データを入力する

　この次のビューの作成で表示を確認するために、サンプル用のデータを登録します。今回は次のようなデータを登録しました。なお、次の画面で「グループ」プロパティから右側のプロパティは、すべて自動で入力されるものです。

閲覧者が参加した会議の議事録を表示するビューを作る

　閲覧用のページを作成します。チームスペースの「一般」セクションの下に「議事録閲覧」というページを作り、「議事録」データベースをデータソースとするフルページのリストビューを作成します。

全データを表示する「一覧」ビューを作る

　初めに作るビューのタイトルは「一覧」とし、表示するプロパティは、今回は例として、「会社情報」「作成日時」「グループ」「参加者」とします。このビューはすべての議事録を一覧表示したものです。

自分が参加した会議の議事録のみを表示する

　次に作るのが、閲覧者（自分）が参加した会議の議事録のみを表示するビューです。いま作った［一覧］ビューをもとに作ります。［一覧］タブの右の［＋］をクリックして、［一覧］ビューを作成したときと同様に新しくビューを作成します。データソースの選択で「議事録」データベースを選択すると「既存のビューをコピー」というメニューが表示されます。ここで［一覧］を選択すると、［一覧］ビューのコピーが作成されます。

❶［一覧］をクリック

　［一覧］ビューと同じ設定のビューが作成されるので、これに対してフィルターを設定して、閲覧者が参加した会議の議事録だけが表示されるようにします。

　ビューのタイトルを「参加した会議」に変更します。自分が参加した会議だけを表示するためのフィルターを追加しましょう。このフィルターは、ユーザープロパティで閲覧者を意味する［自分］というアイテムを使います。また、データベース上部の［…］をクリックして、［フィルター］をクリックします。フィルターするための項目が表示されるので、［参加者アカウント］をクリックしましょう。

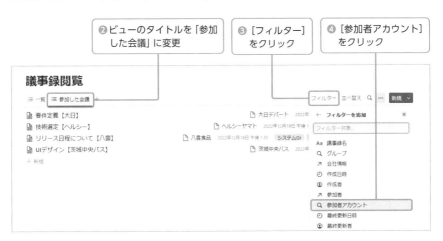

❷ ビューのタイトルを「参加した会議」に変更

❸［フィルター］をクリック

❹［参加者アカウント］をクリック

　次ページの画像のように、現在入力されているデータの範囲内で、フィルター候補が表示されます。［自分］を選択すると、閲覧者のアカウントでフィルターがかけられます。ここで自分自身のアカウント（本書の場合は柄本さん）を選択すると、他の

閲覧者がこのページを開いた際にも、P.122で設定した「清水」さんが参加した議事録が表示されてしまうので気をつけてください。

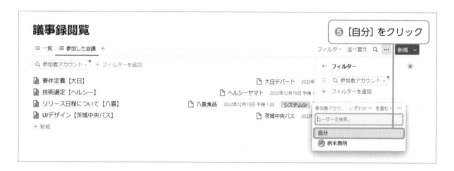

　このフィルターを一時的なものではなく、このビューで必ず設定するものとするために、[このフィルターを保存]をクリックします。

　これで、ほかの人がこのビューを選択したときに、閲覧者が参加した会議の議事録だけが表示されるようになりました。P.136で作成した「一覧」ビューではすべての議事録が表示されていましたが、このビューでは自分（ここでは清水さん）が参加した会議の議事録が表示されています。

#経費精算システム ／ #ワークフロー

案件に関わる
経費の精算システムを作る

経費申請のフローを
データベースで実現

プロジェクトの中で、出張の交通費や備品の購入費などの経費を精算する機会
が少なくありません。経費申請のフローをNotionで実現してみましょう。

3

業務上の情報を集約しよう

経費精算データベースを作る

　経費申請は、「申請書の作成」→「申請」→「処理」という一定のワークフローに沿っ
て行われる事務処理です。このように、1件のデータがフローごとに処理されていく
システムは、Notionで簡単に作成できます。
　今回作成するデータベースは、これまで作成した「メンバー」データベースと次の
ような関係になります。

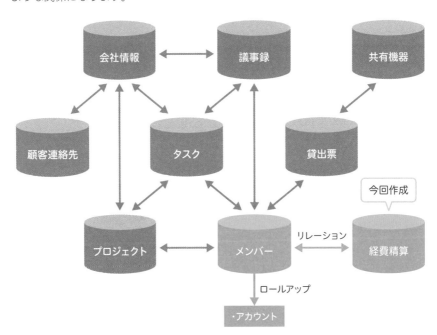

データベースを新規作成する

　まずはP.119で作成した「データベース」ページに、「経費精算」というタイトルの
フルページデータベースを作成しましょう。

プロパティは次のように設定します。

経費精算データベースのプロパティ

プロパティ名	プロパティの種類	説明
申請タイトル	タイトル	申請データのタイトルを入力します。
申請日	日付	経費精算申請を出した日付を設定します。
処理状況	ステータス	申請データの処理状況を表すプロパティです。ステータスプロパティには、「未着手」「進行中」「完了」というグループがあり、その中にオリジナルのステータスをオプションとして追加していきます。ここでは、「申請前」「申請済」「処理済」の3つのオプションを設定します。「申請前」は「未着手」グループに作成します。これは、申請データを作成中の状態で、締め日前までにその都度精算金額などを記録できるようにするための状態です。「申請済」は「進行中」グループに作成します。これは、入力すべきデータをすべて入力し、経理担当が処理を開始してもよい状態です。「処理済」は「完了」グループに作成します。これは、登録されたデータをもとに経理処理が完了した状態です。
金額	数値	申請する経費です。数値の形式は「円」に設定します。
申請者	リレーション	申請者を「メンバー」データベースを参照して設定します。複数人登録することはないので、「制限」は「1ページ」に設定します。
精算日	日付	経理担当者が処理を行って、経費が精算される日付を設定します。申請者は使用しません。
申請者アカウント	ロールアップ	リレーションで参照した「メンバー」データベースから、アカウントを拾い上げます。閲覧者に応じた表示を設定するために使用します。プロパティの編集で「リレーション」を「申請者」に、「プロパティ」を「アカウント」に設定します。

プロパティの設定が完了すると、次のような画面になります。まだデータは初期状態で、空のデータが3件登録されています。

経費申請用のテンプレートを作成する

新規テンプレートを追加する

　実際の経費申請には、今回設定したプロパティのほかに、申請金額の内訳を記入したり領収書などを添付したりする必要があります。申請者ごとに様式が異なると処理に困るので、テンプレートを作成して、それを利用してもらうことにします。

　まず、データベース右上の［新規］の右の［v］をクリックして、［＋新規テンプレート］をクリックします。

プロパティの表示／非表示を設定する

　タイトルは「経費申請テンプレート」とします。プロパティの値は変更しませんが、「申請者アカウント」は入力画面に表示する必要はありません。そこで、プロパティ名にマウスポインターを乗せると左に表示される［∷］をクリックして、［プロパティを非表示］→［常に非表示にする］をクリックします。

ページコンテンツ部分を作成する

　ページコンテンツ部分には、申請者に必要なパーツを配置します。たとえば、次ページの画像のように、コールアウトブロックでデータ入力時の注意書きを書いたり、記入用のテーブルブロックを配置したり、領収書を埋め込むファイルブロックを配置したりといったことです。すべて記入したら、左上の [←戻る] をクリックします。

作ったテンプレートをデフォルトに設定する

　議事録テンプレートと同様に、このテンプレートもデフォルトに設定しましょう（P.81 参照）。次ページの画像のように、右上の [v] マークをクリックします。表示されるダイアログの「経費申請テンプレート」の右の […] をクリックし、[デフォルトに設定] をクリックしてください。

どのビューでこのデフォルト設定を適用するかを尋ねられるので、［「経費精算」内のすべてのビュー］をクリックして選択します。

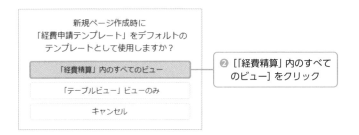

業務上の情報を集約しよう

サンプル用のデータを入力する

どのように表示するかを確認するために、サンプルデータを入力します。今回は例として、次の画像のように入力しました。なお、「処理状況」プロパティは、申請内容がまだ確定していない場合は「申請前」とします。申請内容が確定したら「申請済」に変更して事務処理を待っている状態です。経理担当の方が行う操作は、P.146を参照してください。

なお、「メンバー」データベースでアカウントを設定したのが「清水」さんのみだったので、「申請者アカウント」プロパティにはP.122で設定した柄本さんのアカウントのみがロールアップされています。

経費精算申請用のビューを作る

　「経費精算」データベースは、現状ではすべてのデータが表示されているため、誤ってクリックして、ほかの人のデータを書き換えてしまう可能性があります。ここでは、自分のデータだけが表示される、自分専用の申請用のビューを作成します。

　まず、チームスペースの「一般」セクションに「経費精算システム」というタイトルのページを作成します。そして、ブロックの先頭で「/linkedview」と入力してインラインのリンクドビューブロックをページに追加します。データソースは「経費申請」データベースを選択してください。

　上の例では、コールアウトブロックでこのページの説明を記述しています。また、「申請者アカウント」プロパティはフィルターをかけるためのプロパティであり、ここに表示する必要がないので、非表示に設定しています。

閲覧者のデータのみを表示する

　このページでは、フィルターを使って閲覧者のデータのみを表示するように設定します。

　次の画像のように、［フィルター］をクリックして、［申請者アカウント］をクリックします。

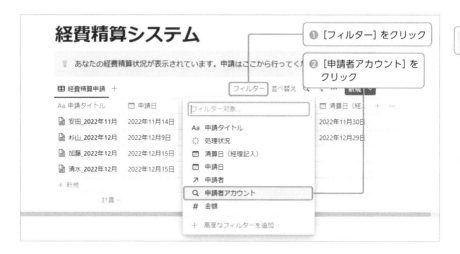

　「自分」という値がリストに表示されるので、これをクリックします。ここでの「自分」というのは、そのページを閲覧しているアカウントのことです。閲覧者に合わせて表示を変更したい場合は、この値を使用します。
　このフィルター設定を固定するために、［このフィルターを保存］をクリックします。

　最後に、このビューの設定を簡単に変更されないようにするために、ロックをかけます。次ページ冒頭の画像のように、ビューの右上の［…］をクリックし、［ビューをロック］をクリックします。

　こうすることで、[ビューのロックを解除] をクリックしない限り、ビューの設定を変更できなくなります。

　申請者はデータベースの [＋新規] から申請を登録できるようになります。

経費精算処理用のビューを作る

　経理担当者からは、必要なデータがすべて見えるようにします。またデータの記入が完了したかどうかという状況に応じて処理に取り掛かりやすいように、ボードビューで表示することにします。ここでは例として、過去1か月以内に申請されたデータだけを表示するようにしましょう。

　「経費精算システム」ページの「経費精算申請」ビューブロックの下に、「経理用」というタイトルでフルページのボードビューの子ページを作成します。

　「グループ化」を「処理状況」に設定して、利用状況に応じて分類するようにします。ステータスプロパティは、「ステータス」の設定を「オプション」と「グループ」のどちらかに設定できます。ステータスのプロパティでは、あらかじめ用意されている「未着手」「進行中」「完了」の3つのグループと、その中に自作したオプションがあります。自作したオプションでグループ化したい場合は「オプション」を設定します。その他の設定も、使い勝手に応じて変更してください。

表示するデータを絞り込む

　この設定のまま経費精算申請が増えていくと、「処理済み」のエリアにデータがどんどん溜まっていくことになります。そこで、処理が済んでからある程度経ったデータは表示しないように設定します。ここでは例として、過去1か月以内に申請されたデータだけを表示するようにしましょう。

　［フィルター］をクリックして［申請日］をクリックします。

条件設定のダイアログの左上の [v] マークをクリックして、表示されたリストの中から [の期限内] を選択します。

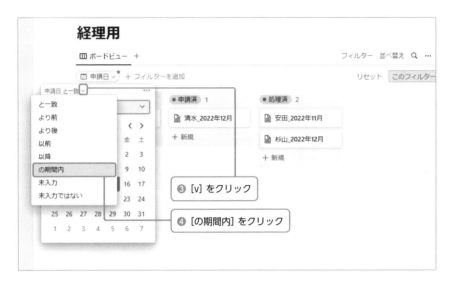

　期間を設定するテキストボックスの右にある [v] をクリックし、表示されるリストから [過去1か月] をクリックします。

　今日の日付を基準に該当する期間が表示されるので、設定が正しいことを確認します。

　最後に［このフィルターを保存］をクリックして、フィルターを保存します。以上によりフィルターが適用され、「処理済」にあった11月のデータが非表示になり、過去1か月分の申請データのみが表示されるようになったことがわかります。

処理を行ったらドラッグ&ドロップ

　経理担当者は、「経理用」ページから申請データを確認し、処理が完了したら「処理状態」を「申請済」から「処理済」に変更します。この変更は、ドラッグ&ドロップで簡単に行えます。

　当然ですが、このデータを申請した人からも、処理状況が変更されているのが確認できます。

#備品管理 ／ #管理台帳

備品の管理台帳を作る

共有機器の貸出と状況
確認を効率化しよう

Web開発ではさまざまな環境を想定してPCやストレージなどの機材を揃えて
いるでしょう。ここではNotionで管理台帳を作ってみましょう。

3

業務上の情報を集約しよう

管理台帳の構造をデザインする

一般的な備品管理の方法を考える

　まずは、どのようにデータベースを使用して、備品を管理するか考えてみましょう。
アナログな管理台帳を考えると、主に2つの管理方法が考えられます。

①利用を軸にした管理
②機材を軸にした管理

　①の方法は「借りる備品名」「使用者」「期間」などの項目を持った表に、随時追加
していく方法です。この方法の場合、誰が・何を・どれぐらいの期間借りたのかをあ
とから遡ることができます。ただし、この方法の場合、利用可能な備品を把握するの
が難しいです。

　②の方法は、備品すべての情報が掲載されているリストが用意されており、使用状
況に合わせて利用者や期間といった情報を随時更新していくという方法です。この方
法の場合、全体を把握するのは簡単ですが、過去の履歴が残らないというデメリット
があります。

データベースで解決

　データベースを使えば、このどちらも両立させることができます。具体的には、①
の方法のように使用データをデータベースで蓄積させます。そして②のように全体の
備品の情報を持ったデータベースを用意しておき、①と②を互いに参照するようにし
し、必要な情報を表示するのです。使用する人のデータは、前節で作成したメンバー
データベースを流用することにしましょう。

　イメージとしては、次ページの図のようになります。

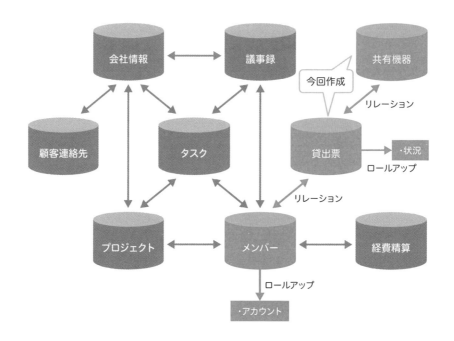

データベースを作成する

　先述の①と②に対応するデータベースをそれぞれ「貸出票」「共有機器」という名前で、チームスペースの「データベース」ページにフルページで作成しましょう。

　それぞれのプロパティは、次のとおりです。

貸出票データベース

プロパティ名	プロパティの種類	説明
貸出番号 (yyyymmdd-n)	タイトル	データのタイトルとして、データを登録した年月日を番号として登録します。
貸出機器	リレーション	「共有機器」データベースから「機器名」を参照します。
利用者	リレーション	「メンバー」データベースから「表示名」プロパティを参照します。1回の貸し出しで利用できるのは1人だけなので、「プロパティを編集」で「制限」を「1ページ」に設定しておきます。
貸出期間	日付	貸出期間を指定します。
状況	セレクト	「予約」「使用中」を選択できるようにします。何も選んでいない状態で、予約も使用もない状況を示します。
アカウント	ロールアップ	「利用者」のアカウントを「メンバー」データベースから拾い上げます。

共有機器データベース

プロパティ名	プロパティの種類	説明
機器名	タイトル	社内で認識できる機器の名称を設定します。（「〇〇社の黒いディスプレイ」など）
型番	テキスト	機器の型番を設定します。「機器名」プロパティだけで識別ができない場合などに使用します。
種類	セレクト	機器の種類を選択できるようにします。機器を探したいときなどに使用します。オプションで「ケーブル」「マウス」「ノートパソコン」「キーボード」「ディスプレイ」などの値を設定しておきます。
貸出票	リレーション	「貸出票」データベースの「貸出番号」プロパティを参照し、使用履歴をたどれるようにします。
状況	ロールアップ	「貸出票」データベースの「状況」プロパティを拾い上げ、その機器の使用状況を表示します。「プロパティを編集」で「計算」の設定を「一意の値を表示する」に設定しておきましょう。

データを入力する

　データベースのプロパティを設定したら、データを入力しましょう。サンプルとして、それぞれ次のようなデータを入力します。「貸出票」データベースの「貸出番号」は、データを登録した年月日を番号として登録するルールであることにして、タイトル下の説明部分にそのことを書いておきましょう。データベース上部の「説明を追加」をクリックして、「貸出番号は、データを登録した年月日を並べて番号にしてください。」と入力します。

貸出票

貸出番号は、データを登録した日の年月日を並べて番号にしてください。

田 テーブルビュー ＋　　　　　　　　　　　　　　フィルター　並べ替え　Q　…　　新規 ∨

Aa 貸出番…	↗ 貸出機器	↗ 利用者	□ 貸出期間	⊙ 状況	Q アカウント
20221201-0	A社のキーボード（黒） A社のディスプレイ（27型）	安田	2022年12月1日 → 2022年12月13日		
20221205-0	C社のマウス（ワイヤレス） B社のノートパソコン	加藤	2022年12月28日 → 2023年1月7日	予約	
20221210-0	A社のディスプレイ（24型） A社のキーボード（黒）	山田	2022年12月23日 → 2023年1月2日	予約	
20221212-0	A社のディスプレイ（24型） A社のキーボード（黒）	田中	2022年12月14日 → 2022年12月22日	貸出中	
20221214-0	B社のノートパソコン	清水	2022年12月14日 → 2022年12月27日	貸出中	柄 柄本貴明
20221206-0	D社のキーボード	杉山	2023年1月4日 → 2023年1月20日	予約	

＋ 新規

計算 ∨

3

業務上の情報を集約しよう

共有機器

⊞ テーブルビュー +				フィルター 並べ替え Q …	新規 ∨
Aa 機器名	≡ 型番	⊙ 種類	↗ 貸出票	Q 状況	+ …
A社のディスプレイ（24型）	Dis-blk24-01	ディスプレイ	📄 20221210-0 📄 20221212-0	予約 貸出中	
A社のディスプレイ（27型）	Dis-blk27-01	ディスプレイ	📄 20221201-0		
A社のキーボード（黒）	Key-blk-01	キーボード	📄 20221201-0 📄 20221210-0 📄 20221212-0	予約 貸出中	
B社のノートパソコン	NPC-aa-VV	ノートパソコン	📄 20221205-0 📄 20221214-0	予約 貸出中	
C社のマウス（ワイヤレス）	Mou-cc-BB	マウス	📄 20221205-0	予約	
D社のキーボード	KBD-ssaas	キーボード	📄 20221206-0	予約	

+ 新規

貸し出し状況をわかりやすく表示する

　登録した情報が見やすくなるように、ビューを作成してみましょう。

　チームスペースの「一般」セクションに、「機器の貸し出し」というタイトルのページを作成します。そこにインラインのリンクドビューを追加し、データソースを「共有機器」とします。ここでは機器の名前と状況が把握できればよいので、シンプルな表示のリストビューに設定します。

　ビューの名前は、わかりやすいように「貸し出し状況」に変更します。また、表示するプロパティに「状況」を追加し、「グループ」を「種類」に設定して、機器の種類ごとに表示するようにしました。

機器の貸し出し

≡ 貸し出し状況 ∨ 　　　　　　フィルター 並べ替え Q ⤢ … 新規 ∨

▼ キーボード　2 … +
　📄 A社のキーボード（黒）　　　　　　　　予約　貸出中
　📄 D社のキーボード　　　　　　　　　　　　　　予約
　+ 新規

▼ ディスプレイ　2 … +
　📄 A社のディスプレイ（24型）　　　　　　予約　貸出中
　📄 A社のディスプレイ（27型）
　+ 新規

▼ ノートパソコン　1 … +

貸し出しのためのビューを追加する

　いま作成したビューでは、状況を確認するには便利ですが、現状では貸出票を登録するには、「貸出票」データベースのページに移動しないといけません。そこで同じページ内で貸出票を登録できるようにするためのビューを追加しましょう。

　いま作成した「貸出状況」ビューのタブの横の［＋］をクリックすると、ビューの追加画面が表示されます。

テーブルビューを追加する

　データソースに［貸出票］を設定し、テーブルビューを作成します。

返却済みのデータを非表示にする

　ビューのタイトルは「貸出票の記入」とします。また、すでに貸出が終了して返却されているデータは表示する必要がないので、次ページの画像のように「状況」プロパティの項目が［未入力ではない］ものを表示するフィルターを設定します。

フィルター設定を保存する

　このフィルター設定を固定するために、[このフィルターを保存] をクリックして保存します。また、フィルターの条件の表示が不要な場合は、[フィルター] をクリックすると、非表示になります。

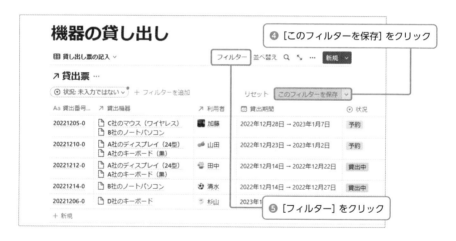

　貸出票に登録する場合は、右上の [新規] ボタンか、データベース下部の [＋新規] ボタンをクリックします。

機器ごとの予約・使用状況を視覚化する

状況を視覚的に確認できるようにする

「貸出状況」ビューで機器の全体の予約・使用状況を確認できますが、自分が使用したい機器が具体的にいつ使えるのかということはわかりません。そこで、機器ごとの状況をカレンダービューで表示して、視覚的に確認できるようにしましょう。

「共有機器」データベース内の「A社のキーボード（黒）」を例に設定していきましょう。現状では、ページ部分には何もデータはありません。

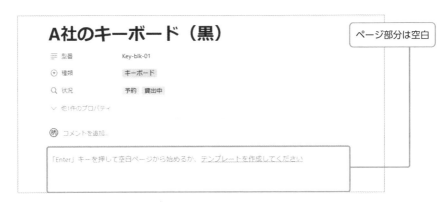

カレンダービューを追加する

ページコンテンツ部分のブロックの先頭で「/linkedview」と入力し、「貸出票」データベースをデータソースとするカレンダービューを追加してください。表示するプロパティを「利用者」「状況」「貸出機器」の3つにします。

閲覧中の機器のみを表示する

　このままだとすべての機器の状況が表示されてしまうので、フィルターを使って「A社のキーボード（黒）」を含む貸出票のみを表示するようにしましょう。［フィルター］をクリックして［貸出機器］を選択します。プロパティのリストが表示されるので［A社のキーボード（黒）］をクリックして選択します。このフィルター設定を固定したいので、［このフィルターを保存］をクリックして保存しましょう。

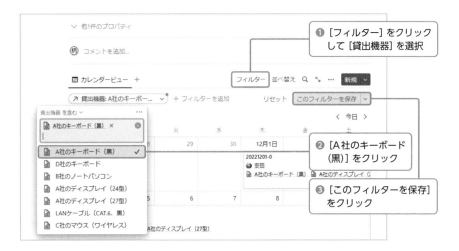

「A社のキーボード（黒）」を含む貸出票のみが表示されるようになりました。

テンプレートを作成する

　新しく機器を登録するたびに、その都度ビューを追加して、表示するプロパティやフィルターなどを設定するのはとても面倒です。そこで、**テンプレート機能**を使用して、この手間を省けるようにしましょう。

　「貸し出し状況」ビューの [新規] ボタンの右の [v] マークをクリックすると、「テンプレート：共有機器」というダイアログが表示されます。下の [+新規テンプレート] をクリックしてください。

カレンダービューを追加する

　テンプレート編集画面が開くので、タイトルに「機器登録テンプレート」と入力します。またページ部分には、「貸出票」データベースのカレンダービューを「A社のキーボード（黒）」で追加したのと同じ手順で追加します。

表示するプロパティを設定する

　ビューのオプションからプロパティの表示を編集し、表示するプロパティを「利用者」「状況」「貸出機器」の３つにします。

閲覧中の機器のみを表示するフィルターを設定する

　フィルターは、［貸出機器］を選択して、現在編集しているテンプレート［機器登録テンプレート］を設定します。これにより、このデータの「貸出機器」プロパティに設定された値を、自動的にフィルターとして設定できるようになります。

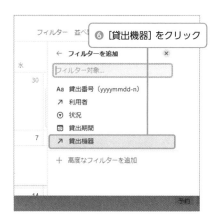

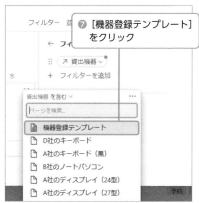

設定したフィルターを保存する

　最後に、このフィルター設定を固定するために [このフィルターを保存する] をクリックして保存します。

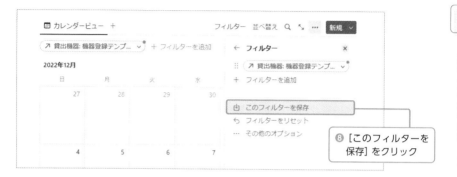

テンプレートの作成を終了する

　左上の [←戻る] をクリックして、テンプレート編集画面を閉じます。

既存のデータにテンプレートを適用してみる

　作成したテンプレートを使って、既存のデータにカレンダービューを追加してみましょう。例として [D社のキーボード] に適用してみます。次ページ冒頭の画像のように、データをクリックして、データのページを開きます。ページ部分に先ほど作成した [機器登録テンプレート] が表示されているので、これをクリックします。

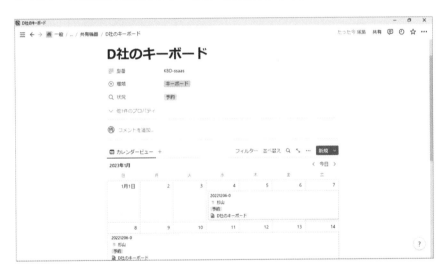

テンプレートの設定が反映され、テンプレートで設定していたプロパティの表示やフィルターが設定されたカレンダービューが追加されます。

新規登録データにテンプレートを適用させる

現状では、新規にデータを登録すると空白のページが作成されます。あとからテンプレートを適用するのも手間がかかるので、このテンプレートがデータの作成時に自動的に適用されるように設定しましょう。

テンプレートを作成したときと同様に、[新規] の右の [v] マークをクリックします。「機器登録テンプレート」と「空白のページ」の2つが表示されるので、「機器登録テンプレート」の右の […] をクリックし、[デフォルトに設定] をクリックします。

デフォルトに設定するビューを選択するように尋ねられるので、今回は［「共有機器」内のすべてのビュー］をクリックします。

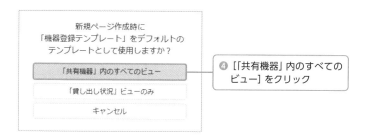

実際に機器を登録したときにテンプレートが適用されるか、確認してみましょう。「ケーブル」グループの［＋新規］をクリックします。

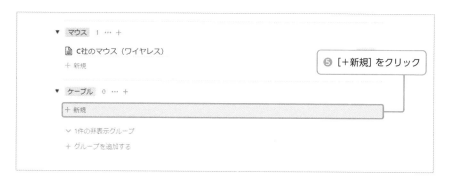

「機器登録テンプレート」というタイトルのデータが登録されます。「種類」プロパティは自動的に「ケーブル」に設定され、カレンダービューも作成されています。

続いて、登録する機器のデータを、タイトルやプロパティの値として設定します。

カレンダービューから貸出票を登録する

　貸出機器のページに作成したカレンダービューからも、貸出票を登録できます。

　カレンダービュー上にマウスポインターを乗せると、日付部分に［＋］マークが表示されるので、これをクリックします。

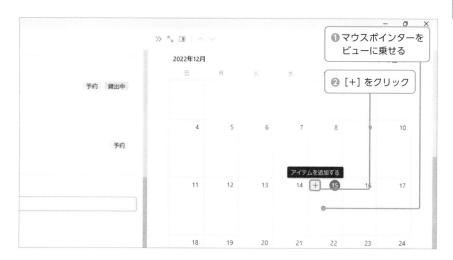

　「貸出票」データベースのデータ登録画面が表示されるので、そのままデータを登録できます。

誤って登録されたデータを点検する

Notion のデータベースでは、［＋新規］をクリックした時点でデータが登録されます。プロパティの値を入力していなくてもデータとして存在してしまうため、フィルターを使用したビューでは表示されません。そのため、誤って新規データを追加してしまった場合、そのことに気づかず空のデータが蓄積されてしまう場合があります。

このような余計なデータは、定期的に点検して消していくことが望ましいですが、管理者がデータベースの中から目視で探して消すというのは面倒です。そこで、データのビューに点検用のビューを追加することをお勧めします。追加した点検用のビューには、未入力にしてはいけないプロパティが未入力のままになっているデータを表示するフィルターを設定します。これにより、誤って登録してしまったり、中途半端な状態で放置されたりしたデータだけを可視化でき、点検を楽に行えます。

下の画像は、「未入力チェック」というビューを「経費申請」データベースに追加し、「申請日」が未入力のデータのみを表示させるように設定した例です。

「未入力チェック」という
名前のビューを作成

フィルターで「申請日」が
未入力のデータのみを表示

P.215 で作成するマイページでは、申請日が 1 か月以内のデータを表示するフィルターを設定しています。そのようなビューでは、申請日が未入力のこのデータは表示されません。このデータの編集を、申請日を未入力のまま中断してしまうと、このページでは表示されないため、データがあることに気づけないのです。

Notion の操作に慣れてくると、そのようなミスはある程度防げますが、複数のメンバーで使用する場合は Notion の習熟度もさまざまです。そのためにも、このようなビューを作成し、管理者が定期的に不完全なデータが残っていないか確認するのがお勧めです。

CHAPTER

4

Notionでプロジェクト
管理システムを作ろう

section

01

機能の基本を押さえる

#サブアイテム ／ #依存関係

タスク管理に必須の「サブアイテム」と「依存関係」を理解する

本書で作成するプロジェクト管理システムでは、「サブアイテム」と「依存関係」機能を使用します。まずはこの２つの機能の働きを理解しましょう。

タスク管理で重要なサブタスクと依存関係

　クライアントから仕事の依頼を受けて、プロジェクトとして進行する場合、ある程度作業の工程やタスクが決まっていることが多いでしょう。タスクといっても、実際にはもっと細分化されたサブタスクに区切られることもしばしばあります。たとえば、「実装」というタスクがあった場合、その中で「システム部分の実装」「フロント部分の実装」といったサブタスクを設定するといった具合です。そうしたタスクでは、すべてのサブタスクが終了すると、そのタスクが完了するという関係を持ちます。タスクとサブタスクの間には、タスクを親とする親子関係があるわけです。プロジェクト管理においては、タスクにぶら下がるサブタスクの進捗状況を正確に把握し管理する必要があります。

　もちろん、アジャイル開発のように各工程が流動的に進行する場合も少なくはありません。しかし、先に開始したタスクの進行状況よって次のタスクを開始できるかどうかが決まるケースは、どのような開発手法でも付き物です。このような、あるタスクの進行が別のタスクの進行に影響を与える関係を**依存関係**といいます。タスクの依存関係が簡単に把握できれば、たとえばプロジェクトが遅延している場合なら、どの工程がボトルネックになっているかを的確に把握するのに有効です。

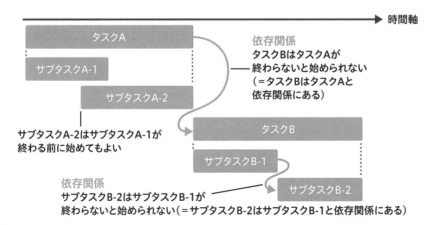

Notionの「サブアイテム」と「依存関係」機能

Notionのデータベースには、「サブアイテム」と「依存関係」という機能があります。「サブアイテム」はデータベース内でデータ（アイテム）同士に親子関係を持たせてサブタスクを管理できる機能、「依存関係」はアイテム同士の依存先を持たせられる機能です。2022年12月に搭載された新しい機能ですが、タイムラインビューとテーブルビューでこの機能の恩恵を受けることができます。

タイムラインビューでのサブアイテムと依存関係の表示

タイムラインビューでは、アイテムの下にサブアイテムがある場合は、トグルによって表示・非表示を切り替えられます。また、アイテム同士の依存関係は、アイテムの左右の端から矢印が伸びる形で表示されます。下の画像は、タスク・サブタスクの親子関係や、タスク同士の依存関係の例を表示したもので、P.168の図と同じものを再現しています。このビューを見ると、タスクAにはサブタスクA-1とA-2、タスクBにはサブタスクB-1とB-2が設定されていることがわかります。さらにタスクBはタスクAが完了しないと始められず、サブタスクB-2はサブタスクB-1が完了しないと始められないという依存関係であることもわかります。

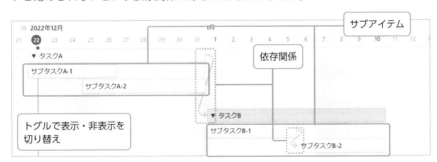

テーブルビューでのサブアイテムと依存関係の表示

上で見たタイムラインビューのデータをテーブルビューで表示すると、次のページの画像のようになります。アイテムの下にサブアイテムがある場合、トグルによって表示・非表示を切り替えられるようになっています。このテーブルをよく見てみると、

4

Notionでプロジェクト管理システムを作ろう

アイテム同士の親子関係や依存関係は、リレーションプロパティによって指定されていることがわかります。これまで作成してきたデータベースでは、リレーションプロパティで参照するデータは別のデータベースでした。しかし、サブアイテムや依存関係で指定するデータベースのアイテムは、そのデータベース自身が持っているデータなのです。これを**自己参照**といいます。

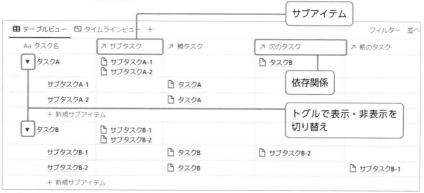

各プロパティに設定されているアイテムが、このデータベース自体のアイテムになっており、自己参照の状態になっている。

「サブアイテム」の設定方法

　サブアイテムの設定方法を確認するために、P.169と同じタイムラインビューのデータを作成して練習してみましょう。まず、テーブルビューで「サブアイテムと依存関係を設定する」というタイトルで新規データベースをフルページで作成しましょう。そして、データベース上部の [⋯] をクリックし、[サブアイテム] をクリックします。

　追加するサブアイテムのプロパティ名を設定するメニューが現れます。メニューの上部には、親子関係の図がニワトリとヒヨコのアイコンでリスト表示されるので、設定したい名前をそれぞれ設定します。今回は「タスク」と「サブタスク」とし、［作成］をクリックします。

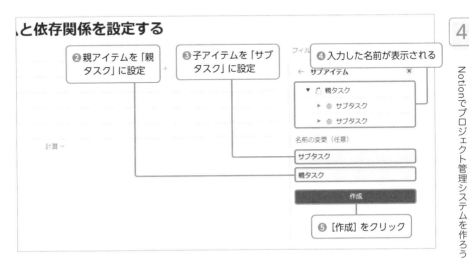

テーブルビューからアイテムを追加してみる

　親子関係のあるアイテムを追加してみましょう。初期状態で空白のデータが3行ありますが、1行目のデータを「タスクA」とします。マウスポインターを名前の上に乗せると、左にトグルの［▶］マークが表示されるので、これをクリックしてください。下に［＋新規サブアイテム］と表示されるので、クリックします。

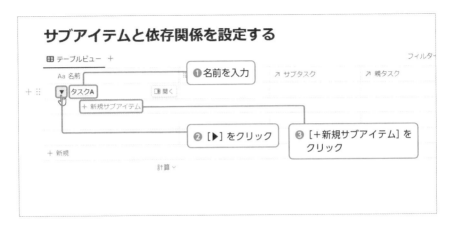

サブアイテムが追加され、名前の編集ができるようになるので、「サブタスクA-1」
と入力します。

以上がサブアイテムの設定方法です。同じ手順を繰り返して、P.168の図と同じよ
うにデータを設定しましょう。

「依存関係」の設定方法

タイムラインビューで期間を設定する

依存関係を設定するには、タイムラインビューを使用します。先ほど作成したデータベースのテーブルビュー横の［＋］をクリックし、タイムラインビューを追加しましょう。そして、データベース上部の［…］をクリックし、表示されたメニューの「テーブルを表示」をオンにします。これにより、アイテムのタイトルなどが常に左側に表示され、どのアイテムがどこにあるのかがわかりやすくなります。ただし、テーブルを表示すると、その分データの表示領域が狭くなるので、もしデータの表示領域を広く取りたい場合は、オフにしてください。

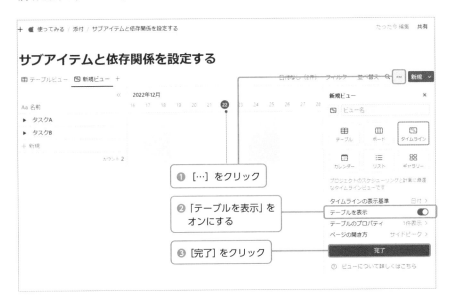

前の手順でタスクとサブタスクを設定したので、新規に追加したタイムラインビューでもタスクとサブタスクが表示されます。このビューでは期間を設定しましょう。アイテムが存在しない状態の場合は、タイムラインビュー上でクリックすると、アイテムが追加されます（P.201参照）。

4

Notionでプロジェクト管理システムを作ろう

このビュー上にマウスポインターを乗せると設定する範囲が表示されるので、設定したい場所でクリックすると、日付プロパティが自動的に作成されます。作成したアイテムの端をドラッグ＆ドロップして期間を調整します。

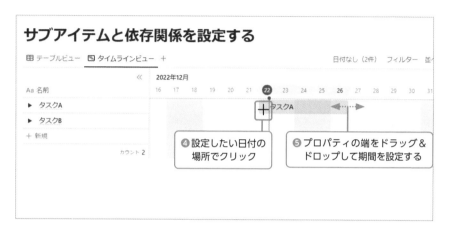

　同じ手順でほかのアイテムの期間を設定します。サブタスクの期間を設定する場合は、タスク名左に表示されるトグルマーク［▶］をクリックすると領域が展開できるので、タスクの期間を設定したのと同様に、ドラッグ＆ドロップで設定します。

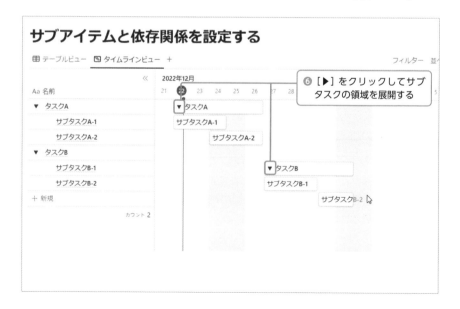

依存関係のプロパティを作成する

　データが揃ったら、依存関係を設定するためのプロパティを設定します。データベース上部の［…］をクリックして、［依存関係］をクリックします。

　既存のプロパティを使用して依存関係を設定する場合は、［プロパティ］をクリックして選択します。今回は新しく作成したプロパティに設定したいので、［＋新規リレーションを作成］をクリックします。

「依存関係」設定メニューが表示され、初期状態では「次のタスクを保留中：」と「次のタスクにより保留中：」というプロパティ名が設定されています。少しわかりにくいですが、それぞれ「次のタスク」と「前のタスク」と同じことなので、そのように名前を設定しましょう。

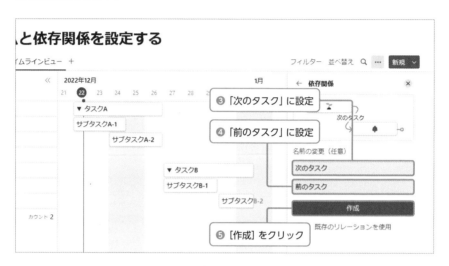

依存関係を設定する

依存関係を設定するには、タイムラインビューでアイテムの右端付近にマウスポインターを乗せると表示される［○］マークをクリックし、ドラッグして依存元のアイテムの左端に繋げます。ここではタスクBがタスクAの終了後に開始する必要がある例として、タスクAの終端からタスクBの始端に繋げました。

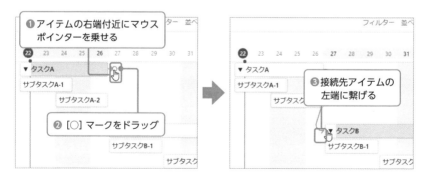

サブタスク内でも依存関係を設定し、P.168の図と同じ依存関係が作れました。

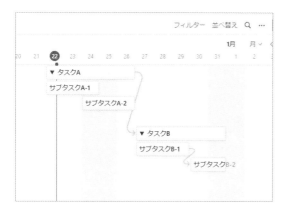

タスクの依存関係の矛盾を色で教えてくれる

　進行の遅れなどが発生したと想定して、「タスクA」の期間をタイムラインビュー上で延ばしてみましょう。これにより、「タスクA」の終了が「タスクB」の開始よりも遅くなってしまいます。このとき依存関係を示す矢印を見ると、通常どおり設定したときがオレンジ色なのに対し、赤色に変化しています。このように、依存関係に問題がある場合に、色でそのことを示してくれます。

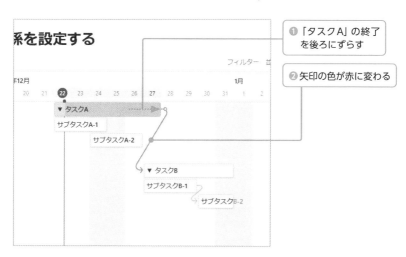

❶「タスクA」の終了を後ろにずらす

❷ 矢印の色が赤に変わる

　このような矛盾のあるタスクを見つけたら、前のタスクの終了日または次のタスクの開始日のどちらかに問題があります。正しいスケジュールを確認して、修正しましょう。

4

Notionでプロジェクト管理システムを作ろう

#プロジェクト／#タスク

プロジェクト管理で利用する
データベースの構成

データベースを
紐づける

プロジェクトの進行管理は、さまざまな情報を紐づけて効率的に管理します。
これまで作成してきたデータベースもうまく関連づけてみましょう。

データベースの構成を理解する

　プロジェクト管理で必要な要素は、プロジェクト自体の情報とそれに紐づくタスク
の情報です。データベースとして管理する場合、プロジェクトとタスクとで持たせた
い情報が異なるため、2つのデータベースに分けて、リレーションにより紐づけると
効率がよいでしょう。

　さらに、プロジェクトやタスクには、これまで作成してきたような会社情報、議事
録、メンバーといったデータも紐づけたいものです。こうしたことを踏まえ、この章
では「プロジェクト」と「タスク」という2つのデータベースを作成し、これまで作成
してきたデータベースも含めて次の図のような構成で、プロジェクト管理システムを
作成していきます。

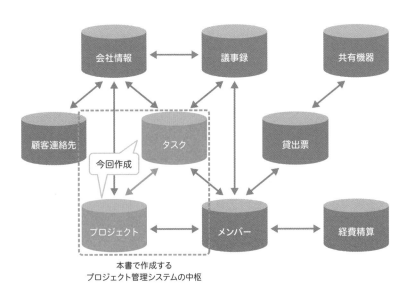

本書で作成する
プロジェクト管理システムの中枢

#サブタスク／#依存関係

タスクの情報を管理する
データベースを作成する

まずはプロジェクトに紐づけてタスクを細かく管理するための、タスク用データベースを作成しましょう。

タスク管理に必要な情報

　Web制作のプロジェクトでは、企画から始まり、デザインコンセプトの設計やデザイン、ワイヤーフレームの作成、実装などの段階を踏んで進められることが多くあります。本書で作成するプロジェクト管理システムでは、このような工程をタスクとして登録し、各タスクの情報をデータベースで管理します。

　こうしたタスクの管理には、作業の担当者やタスクの進行状況、開始から終了予定までといった情報を集約しておきたいものです。

　下の画像は、本書で作成するプロジェクト管理システムにタスクデータを登録した例です。各タスクが日程順に並び、全体の流れを把握することができます。また、タスクの状況や担当者のアイコンなども表示しています。ここでは、プロジェクト管理システムに紐づけるためのタスクデータベースを作成しましょう。作成したデータベースにタスクを登録する作業はChapter 5で行います。

「タスク」データベースを作成する

　まず「データベース」ページに「タスク」というタイトルでフルページのテーブルビューのデータベースを作成します。設定するプロパティは次のページの表のとおりです。

「タスク」データベースのプロパティ

プロパティ名	プロパティの種類	説明
タスク名	タイトル	登録するタスクの名前です。
担当	リレーション	「メンバー」データベースを参照して、タスクの担当者を設定します。
状況	ステータス	タスクの状況を示すタグを設定します。オプションで「未着手」グループに「予定」「未着手」、「進行中」グループに「進行中」「遅延」、「完了」グループに「完了」を設定します。「未着手」は予定上は開始しているが、まだ開始していないときに使用します。
開始	日付	そのタスクの開始予定日を設定します。
終了	日付	そのタスクの終了予定日を設定します。
議事録	リレーション	「議事録」データベースを参照して、そのタスクに関連する会議の議事録を指定します。
担当アイコン	ロールアップ	「担当」プロパティに指定された担当者のアイコン画像を拾い上げます。
担当アカウント	ロールアップ	「担当」プロパティに指定された担当者のアカウントを拾い上げます。閲覧者に合わせたビューを作成する際に使用します。
担当Gr	ロールアップ	「担当」プロパティに指定された担当者が所属するグループのタグを拾い上げます。「担当」プロパティには同じグループのメンバーがアサインされる可能性があるため、「計算」オプションは「一意の値を表示する」を設定してください。

　なお、ここで設定するのは、タスク管理で必要なプロパティのうちの基本的なものです。このあとの手順で、必要に応じてプロパティを追加していきます。

サブタスクと依存関係を設定する

サブタスク用のプロパティを設定する

　サブタスクの設定は、先ほどのプロパティの設定の画面から引き続きテーブルビューで行います。P.171で練習したタスクとサブタスクを設定していきましょう。データベース上部の [⋯] をクリックし、表示されるメニュー内の [サブアイテム] をクリックします。

❶ [⋯] をクリック

❷ [サブアイテム] をクリック

アイテム同士の親子関係の名前を設定します。サブアイテムを「サブタスク」、親アイテムを「親タスク」として、[作成] をクリックします。

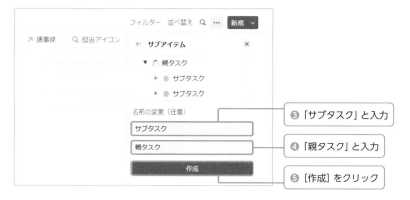

依存関係用のプロパティを設定する

　依存関係用のプロパティは、タイムラインビューから設定できます。まず、「タスク」データベースにタイムラインビューを追加してください。このとき、「開始日と終了日を別々に設定」をオンにし、「開始日」に「開始」を、「終了日」に「終了」を設定します。また、タスクを左端に表示するために、「テーブルを表示」をオンにしておきます。

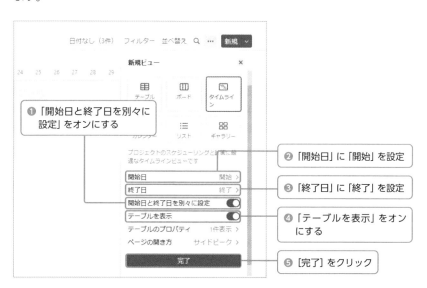

次に、データベース上部の [⋯] をクリックして表示されるメニュー内の [依存関係] をクリックします。

[+新規リレーションを作成] をクリックし、依存関係のプロパティ名を「次のタスク」と「前のタスク」に変更し、[作成] をクリックします。

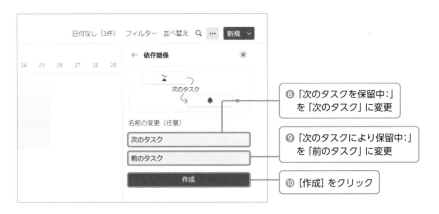

　以上で、ひとまずタスク用のデータベースの準備が整いました。次のプロジェクト用のデータベースの作成で、「タスク」データベースへのリレーションを追加します。その際に、「タスク」データベースにも表示する設定をするので、「プロジェクト」データベースへのリレーションが追加されることになります。

リレーションの設定 ／ #テンプレート

プロジェクトの情報を管理する
データベースを作成する

**プロジェクト管理用の
データベース**

プロジェクト全体の情報をまとめるためのデータベースを作成します。タスク
データベースとプロパティが異なる点にも注目です。

4

Notionでプロジェクト管理システムを作ろう

プロジェクト管理に必要な情報

　プロジェクトの管理において知りたい情報は、Web開発などにおいては全体の作業工程の中でいまどのフェーズにいるのかといったことや、プロジェクトに関わっているチームメンバーは誰なのかといった情報です。また、プロジェクトを依頼してきた顧客（クライアント）の情報も欠かせません。こうした一般的な情報に加えて、プロジェクトに必要なタスクなどをリレーションで紐づけておけば、状況の変化に応じてタスクとプロジェクトの情報を連携することが可能です。

　下の画像は、本書で作成するプロジェクトデータベースにサンプルとなるデータを入力し、表示した画面です。各プロジェクトがどのフェーズにあり、誰が担当しているかといった情報が、一目で確認できます。

「プロジェクト」データベースを作成する

　「データベース」ページに「プロジェクト」というタイトルでフルページのテーブルビューのデータベースを作成しましょう。このデータベースに設定するプロパティは次のとおりです。

「プロジェクト」データベースのプロパティ

プロパティ名	プロパティの種類	説明
プロジェクト名	タイトル	プロジェクトの名前を設定します。
クライアント	リレーション	プロジェクトを依頼してきた会社を「会社情報」データベースから参照して設定します。1社からの依頼を受けるのがほとんどなので、「制限」を「1ページ」に設定しておきます。
担当	リレーション	プロジェクトの担当者を「メンバー」データベースから参照して設定します。
担当アイコン	ロールアップ	「担当」プロパティに指定されたメンバーのアイコン画像を、「メンバー」データベースから拾い上げます。
担当Gr	ロールアップ	「担当」プロパティに指定されたメンバーが所属するグループ(Gr) のタグを、「メンバー」データベースから拾い上げます。
進行	セレクト	プロジェクトの進行を、開発工程で表すタグで分類します。「企画」「設計」「デザイン」「実装」「リリース」「サポート・メンテナンス」「完了」の7つのタグを用意します。
タスク	リレーション	プロジェクトのタスクを「タスク」データベースを参照して設定します。このプロパティを追加する際に、「タスクに表示」をオンにします。
開始	日付	プロジェクト全体の開始日を指定します。
終了	日付	プロジェクト全体の終了予定日を指定します。

テンプレートを作成する

　プロジェクトを開始して、データベースにプロジェクトのデータを追加する際に、プロジェクトの関連情報をメモするスペースや、プロジェクト内のタスク情報といった毎回追加したい情報や項目などをテンプレートとして作成しておきましょう。まだ初めの段階なので、思いつく要素だけを設定しておき、使っていく中であとから追加していくというスタンスで構いません。

何をテンプレートにするかを考える

　プロジェクトを追加して、初めに行いたいのはタスクの登録でしょう。ただし、タスクを登録するたびに「タスク」データベースを開いて登録するのは少々手間がかかります。できればプロジェクトのページから直接タスクの期間を設定したくなるのが自然でしょう。そして、プロジェクトが進んでいくうちに、タスクの進行状況を手早く変更できるようにもしたいものです。

　そこで、開いているプロジェクトのデータページ内にそのプロジェクトのタスクを表示するタイムラインビューとボードビューを表示するテンプレートを作成しましょう。

テンプレートの編集

「プロジェクト」データベースのページを開き、データベース上部の［新規］の右の
［v］マークをクリックします。ドロップダウンリストが表示されるので［＋新規テン
プレート］をクリックします。

テンプレート編集画面が表示されるので、テンプレート名として「プロジェクト登
録」と入力します。また、プロジェクトは企画から始まることが多いので、「進行」プ
ロパティのタグを「企画」に設定しておきます。そのほかのプロパティはプロジェク
トごとに異なるので、そのままにしておきます。

なお、「担当アイコン」はデータページ上で表示する必要がないので、非表示に設定しておきましょう。「担当アイコン」の上にマウスポインターを乗せると左側に表示される［ :: ］をクリックして、［プロパティを非表示］→［常に非表示にする］をクリックします。

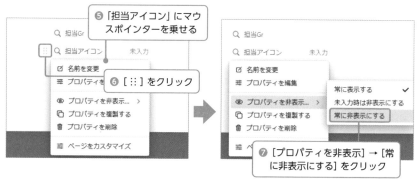

　また「タスク」は、次の手順で挿入するタイムラインビューから確認できるので、これも同じ手順で非表示にしましょう。非表示になったプロパティを確認するには、データのプロパティの下に「他2件のプロパティ」と表示されるので、これをクリックすると表示できます。

プロジェクトのタイムラインビューを配置する

　プロジェクトを登録した際に、進行状況を確認できるタイムラインビューを追加するようにしておきましょう。

　ページ部分に、「タスク」データベースをデータソースとするタイムラインビューのインラインのリンクドビューを配置します。そして、データベース上部の［…］をクリックし、［フィルター］をクリックします。

Notionでプロジェクト管理システムを作ろう

追加するフィルターのプロパティは、［プロジェクト］を選択します。

　どのプロジェクトでフィルターをするか選択します。ここでは登録したプロジェクト自身でフィルターをかけたいので、［プロジェクト登録］を選択します。これにより、登録したプロジェクトのタスクのみが表示されるようになります。

この設定を固定したいので、[このフィルターを保存]をクリックします。

　また、タイムラインビュー上に表示するプロパティなども適宜変更してください。
ここでは「担当アイコン」「状況」も表示するように変更しました。
　そして最後に[←戻る]をクリックして、テンプレートの編集を終了します。

デフォルトのテンプレートに設定する

　作成したテンプレートを、プロジェクト登録の際に必ず使用するように設定しましょう。

　データベース上部の [新規] ボタンの右の [v] マークをクリックします。そして、いま作成した「プロジェクト登録」の右の [...] をクリックして、[デフォルトに設定] をクリックします。

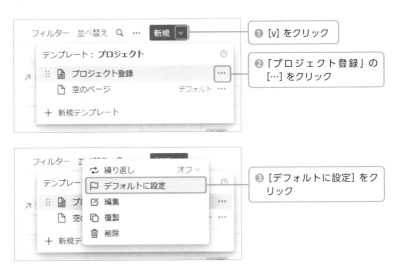

❶ [v] をクリック

❷ 「プロジェクト登録」の [...] をクリック

❸ [デフォルトに設定] をクリック

　このテンプレートをデフォルトとして設定するビューを、選択するように促されます。基本的にはどのビューでもこのテンプレートを使用したいので、[「プロジェクト」内のすべてのビュー] をクリックします。

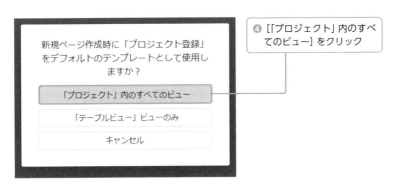

❹ [「プロジェクト」内のすべてのビュー] をクリック

4

Notionでプロジェクト管理システムを作ろう

189

section
05

情報を整理

#ボードビュー／#タイムラインビュー

確認・データ操作用のビューを作成する

プロジェクトの進行状況は、担当者やプロジェクトごとなど、さまざまな視点から確認することが重要です。Notionのビューで、わかりやすく整理しましょう。

ボードビューで社内の全プロジェクトの状況を表示する

　プロジェクトやタスクなどのデータベースに登録されたデータは、すべてのデータが必要なわけではなく、確認したい情報やどんな情報を軸に確認したいかなど、場面に応じて変わります。表示したい情報を絞り込み、見たいように表示するには確認用のビューを作成することがお勧めです。

　社内で進行している複数のプロジェクトがどのような工程にあるのかを、一目で確認したい場合には、ボードビューによる表示がお勧めです。ボードビューはいわゆるカンバン方式による進捗管理方法ですが、ある程度決まった工程で進めていく場合に、各プロジェクトの進捗を大まかに把握できます。なお、ここで作るのは確認用のビューではありますが、データの登録や変更もここで行えます。表示を確認して、変更や新規に登録すべきデータがあれば手早くここで設定を行うという、普段使いのためのビューというイメージです。

「プロジェクト管理」ページを作る

　「チームスペース」の「一般」セクションに「プロジェクト管理」ページを作成します。P.101の手順でボードビューを選択し、データソースに「プロジェクト」データベースを選択してフルページのボードビューを作成しましょう。そして、ビューの名前を「工程管理」とし、「ビューのオプション」内の［グループ］をクリックします。

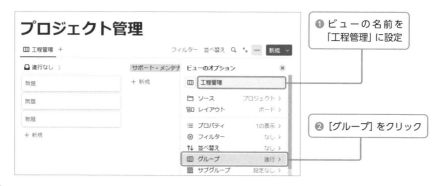

　グループ化のプロパティはステータスプロパティが自動で設定されるため「進行」になるはずですが、そうなっていない場合は「進行」に設定してください。また、視覚的に確認しやすいように、「列の背景色」をオンにします。さらに、グループが工程の順番（ここでは「企画」→「デザイン」→「設計」→「実装」→「リリース」→「サポート・メンテナンス」→「完了」→「進行なし」）になるように、ドラッグ＆ドロップで並べ替えます。なお、「進行なし」は「進行」プロパティが未入力のデータがグループとしてまとめられます。

「ビューのオプション」内の「レイアウト」をクリックし、ビューのレイアウトも調整しましょう。ページ名を「プロジェクト管理」としているので、ここではデータベース名はオフにします。また、ここではプロパティの情報が見えれば十分なので、カードプレビューは「なし」にします。カードサイズは表示するプロパティの量に合わせて設定します。ここでは大量に表示させるわけではないので「小」に設定します。

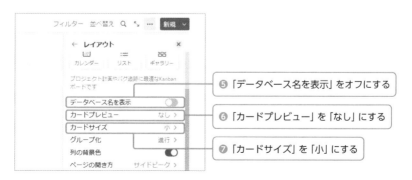

4

Notionでプロジェクト管理システムを作ろう

プロジェクトのカードに表示するプロパティも調整します。ここでは次のように、「担当アイコン」「クライアント」「担当Gr」を表示するように設定します。

「ボードで非表示」内にある、「担当アイコン」「クライアント」「担当Gr」の目玉のマークをクリックして「ボードで表示」に追加する

ギャラリービューでチーム内の担当状況を表示する

新しい案件を受注した際に、チーム内でアサイン先を決定したい場合、チーム内での担当状況を把握する必要があります。そのような場合に、メンバーが担当しているプロジェクトを一覧として見られるギャラリービューがお勧めです。

先ほど作成した「プロジェクト管理」ページに、P.155と同じ手順で新規ビューを追加しましょう。データソースには「プロジェクト」データベースを設定し、レイアウトは「ギャラリー」を選択します。タイトルは「担当状況」とし、最低限の情報をすっきりと表示させるために、ビューのレイアウトを次のように設定します。

❶「データベース名を表示」をオフにする

❷「カードプレビュー」を「なし」に設定

❸「カードサイズ」を「小」にする

　担当者を軸にデータを表示したいので、ビューのオプションから [グループ] をクリックして、[グループ化] を「担当」に設定します。

　このままだと過去に受け持ったプロジェクトなどもすべて表示されてしまうので、完了したものは表示しないようにするフィルターを設定します。「ビューのオプション」から [フィルター] をクリックして、[進行] をクリックします。オプションが表示されるので [完了] をクリックします。「完了」になっているものを表示しないようにするために、左上の [と一致] をクリックして、[と一致しない] をクリックします。

　プロジェクトのカードに表示するプロパティは、「ビューのオプション」の [プロパティ] をクリックして次ページの画像のように設定し、「工程管理」のものに加えて「進行」を表示するようにします。

Notionでプロジェクト管理システムを作ろう

4

タイムラインビューで担当者ごとの状況を表示する

　タスクのアサインを調整したい場合、メンバーが抱えているプロジェクト内のタスクの量や予定を確認する必要があります。これを効率よく行うには、タイムラインビューを使うことをお勧めします。

タイムラインビューの設定

　「チームスペース」の「一般」セクションに、「タスク管理」ページを作成し、「タスク」データベースをデータソースとするフルページのリンクドビューを配置します。ビューのタイトルを「タスクアサイン状況」、ビューの種類をタイムラインビューに設定します。レイアウトの設定のうち、タイムラインビューで表示する期間は、「タスク」データベースの「開始」「終了」プロパティに対応させるため、「開始日と終了日を別々に設定」をオンにし、「終了日」を「終了」に設定します。また、そのほかの設定は、見やすさを考えて次の画像のように設定します。

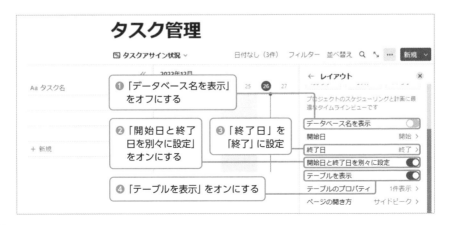

「タイムライン」で表示するプロパティは、「タスク名」「プロジェクト名」「状況」の３つとします。

また、担当者ごとにタスクの表示をしたいので、「グループ化」を「担当」に設定します。

❺「グループ化」を「担当」に設定

サブタスクと依存関係の表示設定

データベースを作成した際に、サブタスクと依存関係のためのプロパティも作成したので、ここではそれらを表示できるように、設定します。

次ページ冒頭の画像のように、「ビューのオプション」から［サブアイテム］をクリックします。「既存のリレーションを使用」の［プロパティ］をクリックして表示されるリストから［サブタスク］を選択します。

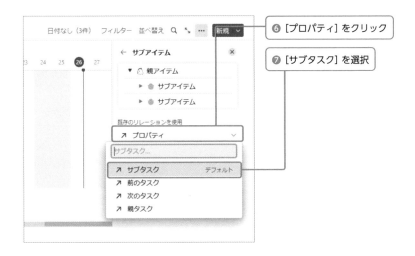

⑥ [プロパティ] をクリック

⑦ [サブタスク] を選択

依存関係も同様にして、「ビューのオプション」から [依存関係] をクリックし、「既存のリレーションを使用」の [プロパティ] をクリックして表示されるリストから [次のタスク] を選択します。

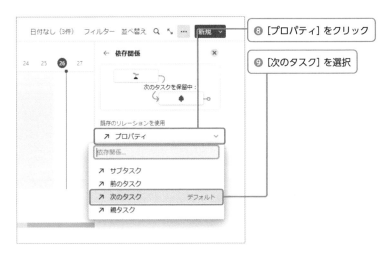

⑧ [プロパティ] をクリック

⑨ [次のタスク] を選択

以上でプロジェクト・タスク管理のビューの作成が完了しました。使い方やカスタマイズの方法については、次章で説明します。

CHAPTER

5

作ったシステムを
使ってみよう

プロジェクトの作成から
タスク登録まで

使用方法の確認

作ったシステムにデータを登録して、実際にどのように使うかを確認しましょう。

プロジェクトを登録する

まずはプロジェクトを登録してみましょう。ここでは例として、架空のバス会社の運行情報サイト制作のプロジェクトを登録してみましょう。まず、CHAPTER 4で作成した「プロジェクト管理」ページの「工程管理」ビューを開きます。右方向にスクロールして、「進行なし」に分類されている3つの空のデータを削除しましょう。

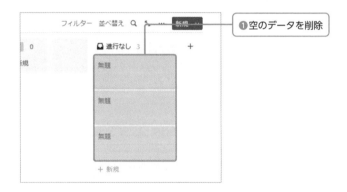

プロジェクトの登録は、「プロジェクト」データベースをデータソースとしているどのビューからも行えますが、今回は「企画」グループの [+新規] をクリックして、登録します。

　登録しておいたテンプレートでデータが登録されるので、これを編集していきます。いくつかのプロパティはボードビュー上から直接編集できますが、操作のしやすさを考えて、ここでは [サイドピークで開く] をクリックして、データ編集画面を開きます。

❸ [サイドピークで開く] を
クリック

　データを入力しましょう。アイコンなどを適宜設定 (P.42参照) すると、データを視覚的に認識しやすくなります。

❹ バスのアイコンを設定

❺ データを設定

タスクを登録する

　タスクの設定はデータ編集画面の下側にあるタイムラインビューから行います。このタイムラインビューから登録すれば、プロジェクトとタスクの紐づけを間違えることなく行えます。

　タスクを新規に追加するには、まずタイムライン上のタスクを開始したい日付の場所でクリックします。

❶タイムライン上のタスクを開始したい日付位置でクリック

　タスクの右端をドラッグして終了日を設定します。

❷終了日をドラッグして調整

　タスクのプロパティは、タイムライン上のタスクをクリックしてサイドピーク画面を開きます。次の例では、スタートアップミーティングの予定をタスクとして登録しています。1日の予定なので、開始と終了は同じ日に設定しています。なお、ロールアップのプロパティは自動的に入力されます。なお、データ入力時には必要のない「担当アイコン」「担当アカウント」「親タスク」「サブタスク」「次のタスク」「前のタスク」は非表示にしています。

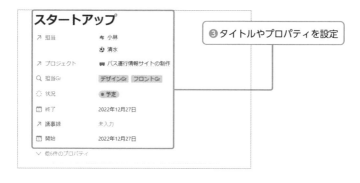

❸タイトルやプロパティを設定

　以上の手順でタスクの登録を繰り返して、次のような状態にします。また、タスク同士の依存関係も設定（P.173参照）しています。なお、全体的な見とおしがよくなるように、表示スケールを「四半期」に変更しています。

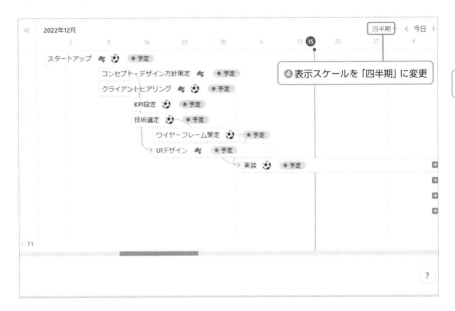

サブタスクを登録する

　このサンプルで登録したタスクは、「スタートアップ」「UIデザイン」「実装」「テスト」など、タスクとしてはやや大きな枠組みでの設定で、実際にはもう少し細かくタスクを区切って進行管理したいことでしょう。そんなときに使用するのが「サブタスク」です。

タイムラインビューからサブタスクを登録する

　P.170では、テーブルビューからサブタスクを登録しましたが、タイムラインビューからも登録できます。タイムラインビュー左のテーブルに表示されているタスクのうち、サブタスクを登録したいタスクにマウスポインターを乗せると、[▶] が表示されるのでクリックします。その下に [＋新規サブアイテム] という行が表示されるので、サブタスクを開始したい日付の場所でクリックします。追加されたサブタスクの右端をドラッグ＆ドロップすれば、終了も設定可能です。

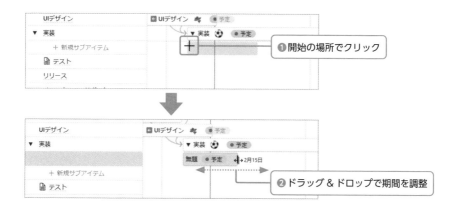

❶ 開始の場所でクリック

❷ ドラッグ＆ドロップで期間を調整

　ここでは一例として、次のように「実装」タスクのサブタスクとして、「ワイヤー実装」「時刻同期機能確認」「バス位置情報表示部分」「バス遅延時対応部分」を登録します。それぞれのサブタスクが完了しなければ次のサブタスクが開始できないように依存関係を設定しました。

サブタスク

タスクの進行状況に応じてプロパティを変更する

　プロジェクトの進行状況にしたがって、タスクやプロジェクトの「状況」プロパティや「進行」プロパティを変更しましょう。

「状況」プロパティの変更

　タスクの「状況」プロパティは、タスクに取り掛かり始めたときと、完了したときに変更しましょう。プロパティの変更は、プロジェクトのデータページからでも、「タスク管理」ページのタイムラインビューからでも構いません。

　ここでは、「実装」タスクのサブタスク「時刻同期機能確認」に取り掛かっている状態にします。サブタスクが進行中の親タスクでは、プロパティを「進行中」に手動で変更します。

コメントでコミュニケーションする

　共同で作業を行っていると、進行状況について確認したいことが発生することもあるでしょう。そのようなときは、ページにコメントを残すことで、コミュニケーションを取れます。

　データページのプロパティとページの間にコメントのセクションがあります。プロジェクトの進捗確認を行っていて、メンバーに確認したいことが見つかったら、コメントをつけましょう。「@」を使うとほかのメンバーに通知（メンション）を送ることができるので、確認が必要なときは「@」を使うのが有効です。

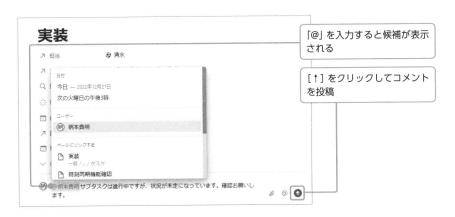

5

作ったシステムを使ってみよう

ページ右上の吹き出しマークをクリックすると、コメント履歴の一覧を表示できます。ページ内にほかにもコメントがある場合には、ここにまとめて表示されます。なお、コメントの内容を確認し、対応などが完了したら、[解決] をクリックすると非表示にできます。

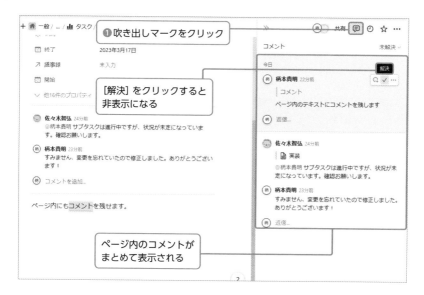

通知を確認する

　自分宛に「@」でメンションされると、サイドバーの「更新一覧」に通知が表示されます。

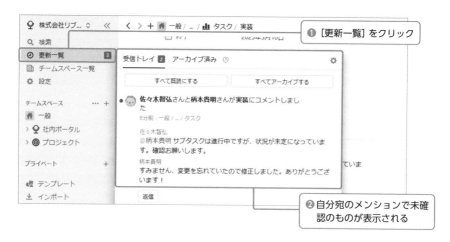

section
02

#ロールアップ／#関数

タスクの進捗率を表示する

プロパティを自作する

Notionの標準のプロパティでは、表現できないデータや状態などがありますが、ロールアップや関数を組み合わせると、データの表現の幅を広げられます。

タスクの進捗率を表示する

5

作ったシステムを使ってみよう

　タスク内にサブタスクがある場合、サブタスクがどれほど進捗しているのかを知りたくなることでしょう。もちろんタイムラインビューなどでサブタスクの状態を1つひとつ確認してもよいのですが、「進捗率〇〇%」のように数値で表示できると、直感的に理解できるうえに達成感も得られて仕事も捗るというものです。

　しかし、「サブアイテム」にはこのような機能は本書執筆時点で実装されていません。ここまでで、「ロールアップ」機能を参照するデータベースの別のプロパティの値を拾い上げるために使用してきましたが、まだ別の使い方があります。

サブタスクの進捗率を計算するプロパティを作る

　まず、「データベース」ページの「タスク」データベースを開き、「ロールアップ」プロパティを追加します。プロパティの名前は「サブタスクの進捗率」とします。「リレーション」は「サブタスク」、「プロパティ」は「状況」、「計算」は「グループごとの割合」→「Complete」を選択します。

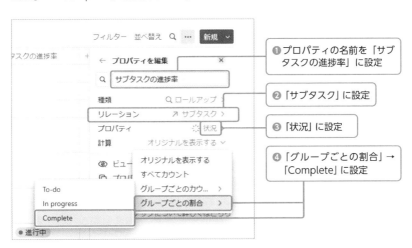

❶ プロパティの名前を「サブタスクの進捗率」に設定

❷ 「サブタスク」に設定

❸ 「状況」に設定

❹ 「グループごとの割合」→「Complete」に設定

205

進捗率を「バー」で表示する

　これにより「状況」プロパティの「Complete」グループにあるタグは「完了」のみなので、サブタスクのうち「完了」状態のタスクの割合が計算されるようになります。単純に数値として表せるほか、バーやリングとしても表示できます。ここでは進捗率として視覚的に認識しやすい「バー」で表示することにします。

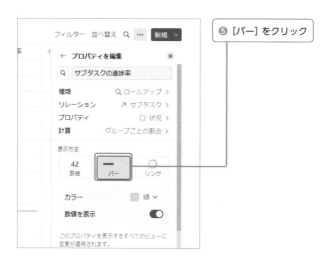

タイムラインビューで進捗率を表示する

　いま作成した「サブタスクの進捗状況」プロパティの表示をタイムラインビューでオンにすると、次のようにバーでサブタスクの進捗状況を確認できます。サブタスクはトグルを都度展開しないと確認できないので、このように表示すればその手間が省けます。ただし、サブタスクを持たないタスクは進捗率が表示されません。

サブタスクを持たないタスクの進捗率も表示する

　サブタスクを持たないタスクにも、進捗を表すバーを表示させることにしましょう。タスクが完了していれば100%、そうでなければ0%となる単純なものです。ただし、サブタスクがある場合は、そちらの進捗状況を表示することにします。

フローチャートで表すと次のようになります。

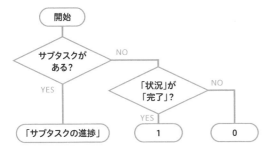

5

　こうした条件分岐を利用するには、**関数**という機能を使用します。これにより、データの計算や変換、論理演算などを組み合わせて、独自のプロパティを作れます。

　まず「タスク」データベースに「関数」プロパティを追加し、タイトルを「タスクの進捗」とします。追加したら、[編集]をクリックします。関数入力ウィンドウの上部のテキストボックスが関数を入力する場所です。

　なお、Notionの関数機能で用意されている定数や演算子、関数機能は、このウィンドウの左側にリストされています。それらの上にマウスポインターを乗せると、右側に説明や構文などが表示されるので、使いながら覚えていけば問題ないでしょう。

　入力する数式は次のとおりです。

```
if(empty(prop(" サブタスクの進捗率 ")), if(prop(" 状況 ") == " 完了 ",
1, 0),prop(" サブタスクの進捗率 "))
```

207

```
if(empty(prop("サブタスクの進捗率")), if(prop("状況") == "完了", 1,
0), prop("サブタスクの進捗率"))
  ≡   replace
```
完了

prop()関数でプロパティの値を参照できます。また、empty()関数はそのプロパティが未入力かどうかを調べています。もし「サブタスクの進捗」が未入力なら「状況」の値に応じて0か1を返し、そうでない場合は「サブタスクの進捗」の値を返すということになります。

入力が完了したら、このプロパティの表示方法も [バー] に設定しましょう。そして、「数値の形式」を [パーセント] に変更します。

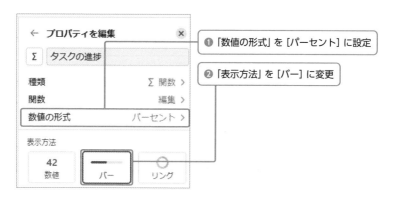

「バス運行情報サイトの制作」のプロジェクトデータのページに戻り、ページコンテンツ部分に表示されているタイムラインビューの「サブタスクの進捗率」プロパティを [非表示] にして、いま作成した「タスクの進捗」を [表示] にします。

完了したタスクは100%に、進行中のサブタスクがあるタスクはそれに応じた値に、また着手していないタスクは0%にと、それぞれ正しい進捗率が表示されています。

section
03

異常を調べるプロパティ
ィを作る

#関数／#プロパティを組み合わせる

プロパティ状態の異常を知らせるプロパティを作る

タスクが多くなると、入力された状況やスケジュールが正しいか調べるのも大変です。プロパティの異常を自動でチェックするプロパティを作成しましょう。

プロパティが異常な状態を検出する

5

作ったシステムを使ってみよう

　P.203で、サブタスクが進行状態の場合は、親のタスクの状況も手作業で「進行中」にする必要があると述べました。このようなデータの不整合を避ける作業を自動化できればよいのですが、標準の機能ではできません。

　また、サブタスクを登録した当初よりスケジュールが延びてしまい、サブタスクの終了予定がずれたにもかかわらず親タスクの終了予定日をずらし忘れると、これもデータの不整合となってしまいます。しかし、それを標準の機能で知ることはできません（依存関係の場合は、タスクの終了と次のタスクの開始が前後すると矢印が赤くなるため、不整合を知ることはできます）。

　こうしたデータの不整合を簡単にチェックできるよう、関数を使ってチェック用のプロパティを作成してみましょう。

チェック項目

　チェックする項目を次の2つとします。

・親タスクとサブタスクの状況に不整合がないか
・親タスクとサブタスクの開始・終了に不整合がないか

これらの条件を関数を使って表現すればよいのですが、1つの関数プロパティだけで書こうとすると複雑になり、その分メンテナンスも大変なことになってしまいます。そこで、条件をそれぞれ関数プロパティとして作成し、まとめて表示する関数プロパティをもう1つ追加することにしましょう。P.207を参考に「関数」プロパティを追加し、タイトルを「状況チェック」とします。

親タスクとサブタスクの状況に不整合がないかをチェック
　次のような場合、どちらかのプロパティが誤っていることになります。

・サブタスクがすでにすべて完了しているのに、親タスクの状況が「完了」ではない
・サブタスクが進行中なのに、親タスクの状況が「完了」になっている

　この条件のどちらかを満たす場合に「！状況」と表示する数式は、次のようになります。

サブタスクがすでにすべて完了している**かつ**親タスクの状況が「完了」ではない

```
if(or(and(prop("タスクの進捗") == 1, prop("状況") != "完了"),
and(prop("タスクの進捗") != 1, prop("状況") == "完了")), "！状況", "")
```

サブタスクが進行中**かつ**親タスクの状況が「完了」になっている

　and()関数、or()関数を使って、先述の条件を満たすかどうかを数式にしています。
　Notionでは、ほかのプログラミング言語のように複数の文を改行して追加できません。そのため、最初から整った数式を入力しようとするよりも、少しずつ整えていくイメージで入力していきましょう。
　設定した「状況チェック」プロパティは、各タスクのページから確認できます。確認のために、「実装」タスクのサブタスクのすべてが「完了」ではない状態で、「実装」タスクの「状況」を「完了」にしてみましょう。次の画像のように「！状況」と表示して、「状況」プロパティに異常があることを警告します。

「状況」プロパティに不整合がある
ため、「！状況」と表示された。

作ったシステムを使ってみよう

親タスクとサブタスクの開始・終了に不整合がないかをチェック

　次のような場合も、親タスクとサブタスクのどちらかのプロパティが誤っているこ
とになります。

・最初のサブタスクの開始が親タスクの開始より早い
・最後のサブタスクの終了が親タスクの終了より遅い

　「最初のサブタスクの開始」と「最後のサブタスクの終了」というプロパティを追加
し、次のようにロールアップすることで取得できます。

　ただし、このロールアップのままでは、サブタスクが存在しないタスクの場合は未
入力扱いとなってしまいます。そこで、サブタスクが存在しない場合はそのタスクの
開始・終了を表示する関数プロパティを追加します。

「タスクの開始」という名前で、次のような数式の関数プロパティを追加します。

```
if(empty(prop("最初のサブタスクの開始")), prop("開始"), prop("最初のサブタスクの開始"))
```

終了についても同様に、「タスクの終了」という名前で、次のような数式の関数プロパティを追加します。

```
if(empty(prop("最後のサブタスクの終了")), prop("終了"), prop("最後のサブタスクの終了"))
```

これらのプロパティを利用して、サブタスクと親タスクの開始・終了に矛盾がないかをチェックします。「開始チェック」という名前で、次のような数式の関数プロパティを追加してください。

```
if(dateBetween(prop("タスクの開始"), prop("開始"), "minutes") < 0, "！開始", "")
```

dateBetween()関数は2つの日付プロパティの差を計算する関数で、"minutes"と指定して分単位で計算しています。この値が負になる、つまり「タスクの開始」のほうが早い場合、「！開始」と表示して「開始」プロパティに異常があることを警告しています。

終了のチェックについても、「終了チェック」という名前で、次のような数式の関数プロパティを追加してください。

```
if(dateBetween(prop("タスクの終了"), prop("終了"), "minutes") > 0, "！終了", "")
```

3つのチェック用プロパティをまとめる

3つのチェック用プロパティは、すべて文字列なので、結合して表示しましょう。

```
prop("開始チェック") + prop("終了チェック") + prop("状況チェック")
```

この関数プロパティは、「チェック箇所」というタイトルで設定してください。

チェック用のビューを追加する

この警告はタイムラインビューに直接表示してもよいのですが、プロパティを多く表示させすぎると、今度は視認性が低下します。そこで、警告がある場合のみ該当するデータを表示するビューを追加しましょう。

「バス運行情報サイトの制作」プロジェクトのデータのページに戻り、リンクド
ビューに「タスク」データベースをデータソースとするテーブルビューを追加します。
ビューの名前は「要確認タスク」とします。

　表示するプロパティは次のようにします。

また、フィルターはいま開いているプロジェクトに加えて、「チェック箇所」が「未
入力ではない」とします。

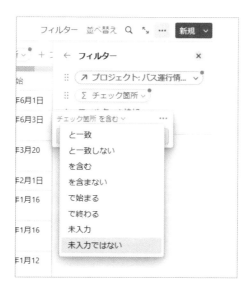

表示を確認する

　確認のため、「バス運行情報サイト」プロジェクトページで「実装」タスクの「状況」を「完了」に、最初のサブタスクの開始を「実装」タスクの開始より前に、最後のサブタスクの終了を「実装」タスクの終了より後ろにそれぞれ変更してみましょう。

　「要確認タスク」ビューを表示すると、次のようにどの部分を確認すべきかが表示されます。

関数とロールアップをうまく組み合わせよう

　これまで見てきたように、関数とロールアップの組み合わせにより、データを加工し、オリジナルのプロパティを作り上げられました。ただし、普段から表計算ソフトを使っている人にとっては、初めのうちは慣れないことでしょう。その理由としては、関数で扱えるプロパティが1データ内で完結している、つまり行（横）方向のデータしか扱えないことが考えられます。

　Notionで縦方向の計算に有効なのが、ロールアップです。ロールアップというと、ほかのデータベースのデータを拾い上げたり集計したりする用途で多く使われます。しかし、「サブタスク」や「依存関係」のような自己参照のリレーションでは、同じデータベース内でデータを参照しているため、部分的に列（縦）方向の計算が可能になるのです。

　つまり、ロールアップで縦方向の計算、関数で横方向の計算とイメージしておくと、プロパティ設定に対する発想の幅が広がることでしょう。

閲覧者に合わせた
表示を作る

#マイページ／#「自分」でフィルター

個人専用のページ
（マイページ）を作る

閲覧している本人が関係するプロジェクトやタスクの状況を確認できるビュー
を一箇所にまとめて、マイページとして作ってみましょう。

マイページとは？

5

作ったシステムを使ってみよう

　社内ポータルサイトのようなシステムでは、閲覧者が関係する情報を表示する「マイページ」というページが備えられていることが少なくありません。これまで作成してきたデータベースなどをもとに、自分が関係するデータを表示するマイページを作成しましょう。なお、この先の画面のサンプルでは、架空のクライアントから案件を受注して進行していると仮定したサンプルのデータが入力されています。読者の皆さんも、ご自身のプロジェクトのタスクや架空のデータなど、適宜入力して表示を確認してみてください。

レイアウトを決める

　これまで作成してきたデータベースの中から、マイページに表示するべき情報とレイアウトを決めましょう。
　ここでは表示する内容を次の4点とします。

1. 現在担当しているタスク
2. 今月開始するタスク
3. 借りている機器の貸出票
4. 申請済みや編集中の経費申請書

　1.は、何のタスクでどんな状況なのかを視覚的に把握できるようにしたいのでギャラリービュー、2.は、1か月単位の予定なのでカレンダービュー、3.と4.は、表示するアイテム数や表示する情報も比較的少ないのでギャラリービューで表示します。

　これらを次のようなレイアウトで配置することにします。

マイページ（タイトル）

アサイン中のタスク

`タスク`　`タスク`

今月の予定

1	2	3	4	5	6 `タスク`	7
8	9	10	11	12	13	14
15	16	17	18	19	20	21
22	23	24	25 `タスク`	26 `タスク`	27	28
29	30	31				

機器貸出状況

`貸出票`

経費精算申請

`申請書`

ビューを作成する

　チームスペースの「一般」セクションに、「マイページ」というタイトルでページを追加しましょう。ここにリンクドビューで先ほどの4つのビューを追加していきます。

今日のタスク

　まずは「アサイン中のタスク」という見出し1のブロックを作り、背景色をオレンジに変更します。

　次に、「タスク」データベースをデータソースとするリンクドビューをギャラリービューで追加します。そして、表示するプロパティは「タスク」「プロジェクト」「担当アイコン」「状況」の4つにします。

　ここでポイントとなるのはフィルターのかけ方です。フィルターを2つ使用し、まず1つ目は、「担当アカウント」プロパティに対して「いずれか」「を含む」の条件に、「自分」を設定することです。これにより、閲覧者のタスクのみが表示されます。

　もう1つは、タスクのスケジュールに今日が含まれるものだけを表示するフィルターです。
　［＋フィルターを追加］をクリックして、［＋高度なフィルターを追加］をクリックします。高度なフィルターを使うと、複数の条件を組み合わせた柔軟な条件設定ができます。

　タスクの期間が今日を含むというのは、言い換えれば「タスクの開始」が今日以前かつ、「タスクの終了」が今日以降ということです。この2つの条件を「AND」または「OR」で組み合わせて設定しましょう。

「タスクの開始」が「今日」「以前」

「タスクの終了」が「今日」「以降」

❸2つの条件を「AND」で組み合わせる

設定が終わると、このような表示になります。

今月の予定

　先ほどと同様に、見出し1ブロックで「今月の予定」という見出しを作りましょう。そして、今月開始するタスクをカレンダービューで表示します。リンクドビューで、「タスク」データベースをデータソースとするカレンダービューを挿入しましょう。

　設定するフィルターは、「担当アカウント」プロパティに対して「いずれか」「を含む」の条件に、「自分」を設定するだけです。表示するプロパティは、「担当アイコン」「タスクの終了」とします。「タスク名」はデータのタイトルなので必ず表示され、非表示にはできません。なお、タスクが表示される日付がおかしい場合は、「ビューのオプション」→［レイアウト］で、「カレンダーの表示基準」が［タスクの開始］になっていることを確認してください。

❶「カレンダーの表示基準」を「タスクの開始」にする

設定が完了すると、次のようになります。

機器貸出状況

　同様にして、「共有機器貸出票」データベースをデータソースとするリンクドビューで、ギャラリービューを追加します。こちらも自分が借りている貸出票を表示するために、フィルターで「アカウント」プロパティに対して［いずれか］［を含む］の条件に、［自分］を設定するだけです。表示するプロパティやアイテムのサイズは画像を参考に設定してみてください。

経費精算申請

　同様にして、「経費精算」データベースをデータソースとするリンクドビューで、ギャラリービューを追加します。

　こちらでも、フィルターで「申請者アカウント」プロパティに対して［いずれか］［を含む］の条件に［自分］を設定し、閲覧者の申請書だけが表示されるようにします。ただし、このままだと過去の申請がいつまでも表示され続けてしまいます。そのため、表示する期間を絞り込むために、申請日が過去1か月というフィルターを追加します。

　設定が完了すると、次のようになります。

出来上がったマイページ

　すべての設定が完了すると、全体として次のようになります。作り方はほんの一例です。ご自身の職場や環境に合わせて、データベースを作成したりビューを追加したりして、より使いやすいツールを作ってみてください。

section
05

使いやすいページを
作る

社内ポータルページを作る

これまで作成したデータベースを使って、社内ポータルページを作成してみましょう。ビューの設定方法ではなく、レイアウトなどのアイディアをご紹介します。

作ったページをまとめて使いやすくする

これまでプロジェクト管理をはじめとする業務関連のツールを作ってきました。これらはすべてチームスペースの「一般」セクションの直下に直接作成してきましたが、サイドバーからいちいち探し出すのは少々面倒です。そこで、社内ポータルとして社内のメンバーが最初にアクセスするページを作成し、その中にリンクを設置して（正確にはページの下層に置いて）アクセスできるようにしましょう。

なお、ここではビューなどの細かい設定方法ではなく、ページのレイアウトに関するアイディアなどを紹介します。

カバー画像やアイコンを設定する

ページの設定は、デフォルトのままでもよいのですが、アイコンやカバー画像を設定すると、ページを視覚的に認識できるようになります。アイコンやカバー画像は、次の画像のようにNotionにあらかじめ用意されているものを利用してもよいですし、会社のロゴなどを利用してもよいでしょう。

ページの左右の余白を利用する

デフォルトでは、ページの左右に余白がある状態でページが表示されます。右上の

［…］をクリックして、「左右の余白を縮小」をオンにすると、ページ幅の余白をいっぱいに使ってウィンドウ全体でページ内容が表示されるようになります。タイムラインビューで横いっぱいにタスクを眺めたい場合にも有効に利用できるでしょう。

5

作ったシステムを使ってみよう

個人タスクエリア

　先ほど作成したマイページにも「今日のタスク」というビューを作成しましたが、その中でも特に確認する頻度の高い情報は、ポータルにも表示するようにします。また、前後のタスクの状況も確認できるように、タイムラインビューも追加しておきます。そのうえで、ここに表示していない詳しい情報を確認するにはマイページを開けばいいということがわかるように、コールアウトで誘導しましょう。

もちろん、コールアウトで誘導する「マイページ」はP.215で作成したものです。サイドバーからドラッグ＆ドロップでブロックとして挿入できます。

プロジェクト管理エリア

プロジェクト管理は、社内全体で確認したい場合と、グループごとに確認したい場合があります。そこで、社内全体とグループごとのページを作ることにしましょう。次のように4段組のブロックを追加して、グループごとのカラムを作成します。

ここで、各グループのラベルには引用ブロックを使用しています。本来の目的とは異なる使い方ですが、視覚的なアクセントとしても利用できます。また各コラムごとに色分けをして視認性を向上しています。

なお、「プロジェクト管理」ページと「タスク管理ページ」は、CHAPTER 4で作成したものを使用しています。グループ別のビューはポータルページの作成に合わせて新規に作成してみましょう。

業務関連エリア

以上のほかにも、作成したページはポータルサイトから開けるようにしましょう。

次のようにまとめてみました。なお、「有給申請」「掃除当番」などは本書で作成していません。もし必要であれば、本書で紹介した方法を思い出しながらご自身で作成してみてください。

ページのジャンルで分けて配置

社内業務

事務関連
- ➚ 機器の貸し出し
- ⌨ 経費精算システム
- 🎌 有給申請
- ⛟ 掃除当番

共有文書
- 🎴 週報の作成
- 👓 週報を閲覧する
- 👥 コミュニケーション
- ✒ 議事録閲覧
- 📊 顧客情報
- 👥 メンバー一覧

マニュアル
- 📕 業務マニュアル
- 📗 Notionの使い方

管理者用エリア

　ユーザーが普段直接使うことのないデータベースページは、トグル見出しを使って管理者用エリアに配置しておきます。

トグル見出しを開くとアクセスできる

▾ **管理者用**
- 🗄 データベース

　これまで作ったデータベースは「データベース」ページに次のように整理します。

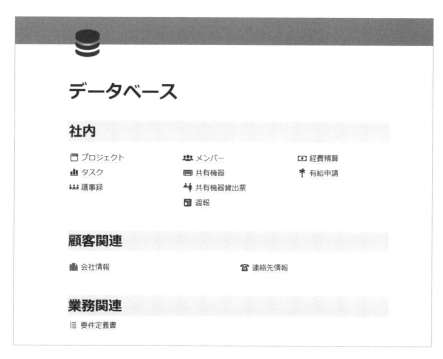

データベース

社内

- 🗓 プロジェクト
- 📊 タスク
- 👥 議事録

- 👥 メンバー
- ⌨ 共有機器
- 🎌 共有機器貸出票
- 🎴 週報

- ⌨ 経費精算
- 🎌 有給申請

顧客関連

- 📊 会社情報
- ☎ 連絡先情報

業務関連

- ☰ 要件定義書

ページ整理後のサイドバー

　ページを整理する前は「一般」セクションに直接ページを作成していたため、たくさんのページがサイドバーに並んでいました。ページ整理後は「社内ポータル」の1ページだけになり、とてもスッキリしました。「社内ポータル」左の [>] をクリックして開くと、それまで「一般」セクションに並んでいたページが表示されます。

　今回はポータルサイトからのアクセスをメインに使う方法として紹介しました。しかし、ページが持つこのような階層構造をうまく利用すれば、サイドバーをメインにした利用方法もできます。どのような使い方がよいのか、チームの規模や働き方によって異なることでしょう。各々にあった使い方をぜひ探求してみてください。

CHAPTER

6

Notionをさらに便利に使ってみよう

section
01

GitHubのデータを Notionで閲覧する

GitHubのデータを閲覧する

GitHubのIssuesとPull RequestsをNotionのデータベースとして配置して、素早く確認できるようにしましょう。

同期データベース

Notionには**同期データベース**という機能があり、JiraやGitHubといった外部の連携可能なサービスのデータをNotionのデータベースとして表示できます。

Notionで共同でプロジェクト管理を行っている顧客など、外部サービスに登録していないユーザーでも外部サービスのデータを閲覧でき、情報共有がより一層行いやすくなります。なおこの機能は、外部のデータベースを表示できるだけで、Notionからデータベースの編集はできません。

本書では、GitHubを例にとり、プロジェクトのタスクページにIssuesを表示する手順を紹介します。Issuesとは、GitHubのリポジトリで管理しているプログラムのソースコードやそれに関連する事柄について、バグの報告や問題点を集約する機能です。これをNotionと連携してタスクやプロジェクトに表示することで、GitHubページにアクセスして表示させる手間を省けます。また、Notionのデータベースとして表示できるので、フィルターや並べ替えといった機能を利用して、独自の表示方法で情報を確認できます。

Issuesをページに配置する

まず、リポジトリの「Issues」ページを開き、URLを Ctrl + C キーでコピーします。

❶「Issues」のページを開く

Issuesを配置するページを開きます。今回は、テスト中に発生したIssueを確認することを想定して、「テスト」というタスクを設定し、「テスト」タスクのページに配置します。次の図のように見出しを入力し、その下にコピーしたURLを Ctrl + V でペーストします。

6

貼り付ける形式を選択するリストが表示されるので、[データベースとして貼り付ける]をクリックし[GitHubに接続して更新]をクリックします。

ブラウザが自動的に立ち上がり、アプリを認証するページが開きます。組織アカウントのリポジトリにも適用したい場合は [Grant] をクリックして許可してください。確認したら、[Authorize integration-notion] をクリックして、認証します。

認証が完了してNotionのページを開くと、ペーストしたIssuesのデータベースが表示されます。次の画面では、まだIssueが1つも登録されていないので、空のデータベースとなっています。

データの更新に合わせて同期する

GitHubのIssuesページで次のようにIssueを登録します。

Notionを開くと自動的にデータベースが更新されて、次のようになります。

登録されたデータを開くと次のようになりますが、ページ部分は編集できません。

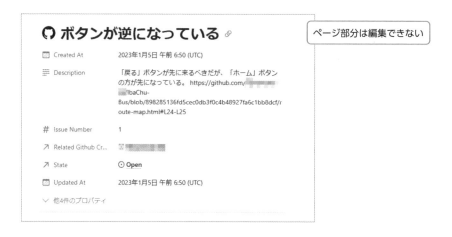

問題が解決しクローズすると、次のように「State」が「Closed」に変化します。

同期データベースも参照できる

　同期データベースのデータはNotion内で編集できませんが、ほかのデータベースからの値の参照はできます。リレーションを使用してIssuesの状況をまとめたりタスクに関連づけたりと、幅広い用途で活用できるでしょう。

　なお、ここではIssuesをNotionのページで同期データベースを利用して表示しました。Pull Requestも同じようにしてページに同期データベースとして表示できます。ぜひ、ご自分の環境や用途に合わせてプロジェクト管理に取り込んでみてください。

#インポート／#Notionへの移行

ほかのツールから
データを移行する

ほかツールのデータを
インポート

以前から使用していたプロジェクト管理ツール、文書ファイルなどは、そのま
まNotionにインポートできる場合があります。

ほかのツールからのデータ移行

　Notionを使い始める前に使用していたプロジェクト管理ツールや、社内で作成し
た文書ファイルなど、Notionにインポートできるものがあります。

　2023年1月現在でデータのインポートが可能なサービスやファイルは次の12種
類です。

・Evernote
・Trello
・Asana
・Confluence
・テキストとマークダウン
・CSV
・HTML
・Word
・Google Docs
・Dropbox Paper
・Quip
・Workflowy

　これらのデータを移行するには、まずサイドバーの下方にある［インポート］をク
リックします。

6

Notionをさらに便利に使ってみよう

サービスやファイルの選択画面が表示されるので、インポートする対象をクリックして選択します。

ファイルをインポートする場合は、パソコンに保存されているファイルを選択するダイアログから選択できます。サービスからデータをインポートする場合は、サービスにログインして認証する必要があります。詳しいインポート方法は、右上の［インポートについて詳しくはこちら］をクリックすると、それぞれのサービスでのインポート方法の説明ページへアクセスできます。

INDEX

■著者

リブロワークス

「ニッポンの IT を本で支える！」をコンセプトに、主に IT 書籍の企画、編集、デザインを手がけるプロダクション。SE 出身のスタッフも多い。最近の著書は『スラスラ読める JavaScript ふりがなプログラミング 増補改訂版』（インプレス）、『やさしくわかる HTML&CSS の教室』（技術評論社）、『2023 年度版 みんなが欲しかった！IT パスポートの教科書＆問題集』（TAC 出版）、『PowerPoint 2021 やさしい教科書』（SB クリエイティブ）など。
https://www.libroworks.co.jp/

■スタッフリスト

カバーデザイン	西垂水 敦・市川さつき（krran）
カバーイラスト	山田 稔
本文デザイン・DTP	リブロワークス
制作担当デスク	柏倉真理子
デザイン制作室	今津幸弘
校正	株式会社トップスタジオ
サンプル作成協力	松田直樹・小林信次（株式会社まぼろし）
編集・執筆	榎本孝之（リブロワークス）
編集	浦上諒子
副編集長	田淵 豪
編集長	藤井貴志

■商品に関する問い合わせ先

このたびは弊社商品をご購入いただきありがとうございます。本書の内容などに関するお問い合わせは、下記のURLまたは二次元バーコードにある問い合わせフォームからお送りください。

https://book.impress.co.jp/info/

上記フォームがご利用いただけない場合のメールでの問い合わせ先
info@impress.co.jp

※お問い合わせの際は、書名、ISBN、お名前、お電話番号、メールアドレス に加えて、「該当するページ」と「具体的なご質問内容」「お使いの動作環境」を必ずご明記ください。なお、本書の範囲を超えるご質問にはお答えできないのでご了承ください。

●電話や FAX でのご質問には対応しておりません。また、封書でのお問い合わせは回答までに日数をいただく場合があります。あらかじめご了承ください。
●インプレスブックスの本書情報ページ　https://book.impress.co.jp/books/1122101092 では、本書のサポート情報や正誤表・訂正情報などを提供しています。あわせてご確認ください。
●本書の奥付に記載されている初版発行日から 3 年が経過した場合、もしくは本書で紹介している製品やサービスについて提供会社によるサポートが終了した場合はご質問にお答えできない場合があります。

■落丁・乱丁本などの問い合わせ先
FAX　03-6837-5023
service@impress.co.jp
※古書店で購入された商品はお取り替えできません。

Notion プロジェクト管理完全入門
Web クリエイター＆エンジニアの作業がはかどる新しい案件管理手法

2023 年 3 月 21 日　初版発行

著　者　　リブロワークス
発行人　　小川 亨
編集人　　高橋隆志
発行所　　株式会社インプレス
　　　　　〒 101-0051　東京都千代田区神田神保町一丁目 105 番地
　　　　　ホームページ　https://book.impress.co.jp/
印刷所　　音羽印刷株式会社